中规院 CAUPD
CAUPD 中规智库

# 城市合流制
## 排水系统改造
## 与溢流控制

唐 磊 程小文 张车琼 著

中国建筑工业出版社

图书在版编目（CIP）数据

城市合流制排水系统改造与溢流控制 / 唐磊，程小文，张车琼著. -- 北京：中国建筑工业出版社，2024.
12. -- ISBN 978-7-112-30630-5

Ⅰ．TU992.03；X52

中国国家版本馆 CIP 数据核字第 2024H8U555 号

责任编辑：石枫华
文字编辑：李鹏达
责任校对：赵 力

# 城市合流制排水系统改造与溢流控制

唐 磊 程小文 张车琼 著

\*

中国建筑工业出版社出版、发行（北京海淀三里河路9号）

各地新华书店、建筑书店经销

北京科地亚盟排版公司制版

建工社（河北）印刷有限公司印刷

\*

开本：787毫米×1092毫米 1/16 印张：12¼ 字数：219千字

2025年1月第一版 2025年1月第一次印刷

定价：**58.00**元

ISBN 978-7-112-30630-5

（44021）

# 内 容 提 要

本书总结了发达国家开展合流制系统改造与溢流控制的历程和我国合流制排水系统的现状、特征与问题，分析了我国城市在推进合流制系统改造及溢流控制过程中存在的问题和困境，结合发达国家相关经验和国内海绵城市建设、黑臭水体治理、污水提质增效等相关工作要求，提出我国合流制系统改造及溢流控制实施策略与技术路径，并系统梳理了城市合流制排水系统改造与溢流控制技术措施及其适用条件和规划设计方法，为我国城市科学合理地制定城市合流制排水系统改造与溢流控制策略与路径、因地制宜针对性选择经济高效的技术措施、进一步优化完善城市排水系统、有效控制合流制溢流污染提供重要支撑。

本书是对城市合流制排水系统改造完善及合流制系统雨季溢流控制方面长期、持续研究成果的提炼与集成，可为我国各城市排水系统改造完善和水环境治理提供重要的技术支撑和经验借鉴，对各城市排水系统专项规划及更新改造方案的编制也具有重要指导作用。

# 前　　言

在我国各城市推进和实施海绵城市建设、黑臭水体治理、内涝综合整治及污水提质增效的过程中，合流制排水系统存在的诸多问题已成为各城市优化完善排水系统、提升排水防涝能力和水环境质量的难点与痛点，在部分城市甚至成为影响海绵城市建设和水环境治理成效的关键。

与发达国家相比，我国的合流制排水系统存在的问题相对更为复杂，可能同时面临排水能力不足，功能性、结构性缺陷及雨污管道混接错接普遍，管网长期高水位运行、清通养护水平低、截流溢流方式设置不当、溢流污染严重，污水处理厂雨天受到较大冲击等问题。部分城市近年来开始重视合流制排水系统改造与溢流控制，实施了一些控制措施或制定了相关规划，但仍存在很多问题，如限于局部实施、控制技术单一、投资高效益低等，一个重要原因是缺乏深入研究和科学指导，缺少系统性的改造思路和规划设计方案，因而也难以高效率实现合流制溢流控制。

制定科学合理、切实可行、经济高效的合流制系统改造与溢流控制方案已十分迫切和必要，但我国目前尚无系统研究城市合流制排水系统改造完善和合流制溢流控制规划设计的专门著作，亟需一部全面、系统、有深度的相关文献资料。

本书针对当前我国城市合流制排水系统现状情况及面临的主要问题，结合发达国家城市相关规划、设计、建设和机制体制建立经验，以及我国海绵城市建设和水环境治理的最新思路、理念和要求，从系统的角度对合流制排水系统进行研究与分析，为我国城市科学制定城市合流制排水系统改造与溢流控制策略与路径，因地制宜选择技术措施，进一步优化完善合流制系统，有效控制合流制溢流污染提供支撑。

本书依托作者及研究团队完成的大量涉及合流制排水系统改造与溢流控制的科研课题和规划设计项目积累，在开展长期性、持续跟踪性研究的基础上，总结归纳与合流制排水系统相关的科研课题、专项规划、实施方案、施工图设计及驻场技术服务等研究成果、项目案例和监测数据，既注重基本理论的介绍，也有最新的科研成果和实践案例，为广大学者提供了较为详尽的资料，同时也是对排水系统规划设计领域中相关内容的创新。

本书在充分分析我国城市合流制系统特点的基础上，借鉴发达国家实施策略和技术方法，并结合多年规划设计实践积累，因地制宜提出我国城市合流制排水系统改造与溢流控制系统化方案的编制目标、编制思路及重点任务，并对我国下一阶段相关工作提出思考与建议。本书的出版，可以更好地支持住房和城乡建设部门指导新时期全国城市合流制排水系统改造与溢流控制工作。

希望本书能为国内城镇水务行业、市政工程、环境工程等领域的规划设计和科研人员，住房和城乡建设、城镇水务、生态环境、城市管理和综合执法等政府部门的行政管理人员，以及水务集团、排水公司等相关企事业单位的工作人员提供一些帮助和借鉴。

本书共分为 10 章，由唐磊、程小文、张车琼撰写，唐磊负责统稿。其中，第 2 章由芮文武、张锦森、于澜协助撰写，第 9 章案例部分由刘彦鹏、徐丽丽、吴爽、赵亚君协助撰写。在开展研究与本书撰写过程中，得到了多位专家、领导的大力支持，在此谨致谢忱。特别要对中国城市规划设计研究院城镇水务与工程分院院长龚道孝、副院长刘广奇、总工莫罹、前总工郝天文等表示感谢。此外还要对我的硕士导师北京建筑大学车伍教授表示感谢，本书的内容源于师从车伍教授期间所开展的研究工作。本书一些研究内容和列举的工程案例还涉及多个规划设计项目，在此，也向项目组成员李文杰、周飞祥等表示感谢。

# 目　录

# 第1章 绪 论

## 1.1 研 究 背 景

在我国各城市推进和实施海绵城市建设、黑臭水体治理、内涝综合整治及污水提质增效的过程中,合流制排水系统存在的诸多问题已成为各城市优化完善排水系统、提升排水防涝能力和水环境质量的难点与痛点,在部分城市甚至成为影响海绵城市建设和水环境治理成效的关键。

### 1.1.1 合流制溢流污染成为制约城市水环境提升的关键

近年来,随着我国城市点源污染逐步得到有效控制,雨季面源污染对城市水环境的危害日益凸显。根据生态环境部发布的相关文件,近年来全国水环境质量持续改善,但旱季"藏污纳垢"、雨季"零存整取"等问题突出,部分地区环境基础设施存在明显短板,部分断面汛期污染强度长期居高不下,城乡面源污染正在上升为制约水环境持续改善的主要矛盾。合流制溢流污染作为城市面源污染的主要来源,是导致我国城市汛期水环境污染的主要原因之一,也是我国当前海绵城市建设和水环境治理迫切需要解决的系统性难题。

随着我国海绵城市建设、黑臭水体治理和污水处理提质增效的系统推进,大部分城市已基本解决水体沿线的旱季排污问题。但是对于合流制排水系统,雨污合流导致降雨期间大量雨污混合水直接溢流排入城市水体,而未采取溢流控制措施的合流制系统通常溢流频次较高、溢流量较大。与此同时,雨天污水处理厂进水量急剧增加,造成污水处理厂超负荷运行或在厂前发生溢流,严重污染城市水环境。

### 1.1.2 合流制系统改造与溢流控制存在较多问题与困惑

现阶段我国城市对合流制排水系统的认识存在一些误区,很多城市编制的国土空间总

1

体规划和排水专项规划中对于排水体制的选择，以及合流制系统改造的目标和路径尚不明确。当前仍有许多管理人员及规划设计人员片面地认为分流制系统一定优于合流制，必须把合流制改为分流制才能彻底解决水环境污染问题。此外，我国关于合流制溢流控制的政策法规和标准体系还有所欠缺，在国家层面对于合流制溢流控制目标指标、合流制污水处理厂雨天排放标准及处理规模、合流制溢流口快速净化处理设施出水水质要求等尚无明确要求。

我国的合流制排水系统存在的问题相对更为复杂，部分城市开展了合流制溢流控制的实践，但总体上与发达国家仍有较大差距。由于合流制管网管径相对较大，旱季时污水流速较小，污染物容易沉积，雨天大量沉积污染物被雨水冲刷释放，导致部分城市溢流进入水体的污染物浓度甚至高于污水处理厂进水浓度。我国截流式合流制系统在设计时虽然考虑了截流倍数，但由于普遍存在的河水倒灌、地下水入渗及施工降水排入等问题，加之管网养护管理不善部分管段淤积问题突出，导致很多合流制系统在旱季时几乎处于满管流状态，截流倍数实际已失效，一下雨便会产生溢流，即使不下雨时污水处理厂进水量也较大，进水浓度却偏低。复杂的排水系统和多重问题的交织，导致我国城市合流制系统改造与溢流控制的推进困难重重。

### 1.1.3 制定科学合理和切实可行的系统化方案十分迫切

近年来，随着我国城市的快速发展和城市水环境整治力度的不断加大，许多城市投入大量资金对老城区原有合流制系统进行雨污分流改造，部分城市也开展了合流制系统溢流控制的研究和实践。由于合流制系统多位于老城区，很多城市在实施合流制改造与溢流控制时均面临地下空间不足、施工难度大、投资高、协调困难等一系列问题；加之我国幅员辽阔，不同城市之间气候条件、经济状况、合流制系统状况、合流制溢流污染程度及污染物排放规律等差异巨大，合流制系统改造思路和方案的确定存在较大的技术难度，不合理的方案往往导致在投入重金实施改造之后却未能实现规划设计目标。

因此，为更科学地推进我国合流制溢流控制工作，系统解决合流制系统存在的排水能力不足、运行状况不佳、雨季易发生溢流、影响污水处理效能等问题，明确新时期我国合流制系统改造与溢流控制路径，制定科学合理、切实可行、经济高效的合流制系统改造与溢流控制方案十分迫切和必要。

# 1.2 研 究 内 容

## 1.2.1 总结国内外合流制溢流控制历程与经验

我国不同城市之间差异巨大，这对于合流制系统改造与溢流控制实施路径的选择、方案的制定、技术措施的规划设计等有很大影响。与发达国家相比，我国的合流制排水系统存在的问题相对更为复杂，同时面临排水能力不足，功能性、结构性缺陷及雨污管道混接错接普遍，管网长期高水位运行、清通养护水平低、截流溢流方式设置不当、溢流污染严重，污水处理厂雨天受到较大冲击等问题。因此，需要在充分分析我国合流制系统特点的前提下因地制宜借鉴发达国家实施策略和技术方法。

本书通过总结发达国家和我国城市合流制溢流控制的历程、进展及经验教训等，为明确我国合流制系统改造与溢流控制策略和实施路径，合理选择技术措施体系，科学制定系统化实施方案打好基础。

## 1.2.2 提出我国合流制系统改造与溢流控制路径

近年来我国部分城市开始重视合流制排水系统改造与溢流控制，制定了相关规划或实施了一些控制措施，但在开展相关工作过程中仍存在很多问题，如指导思想不明确、限于局部区域实施、技术措施单一、投资效益不高等，一个重要原因是缺乏深入研究和科学指导，缺少系统性的改造思路和规划设计方案，因而也难以实现高效地控制合流制溢流。

本书针对当前我国城市合流制排水系统现状情况及面临的主要问题，借鉴发达国家城市相关规划设计和机制体制建立经验，结合我国对海绵城市建设和城市水环境治理的最新思路、理念和要求，从更系统的视角对合流制排水系统进行研究与分析，为我国城市科学确定城市合流制排水系统改造与溢流控制策略、路径及目标，因地制宜选择技术措施，进一步优化完善排水系统，有效控制合流制溢流污染提供支撑。本书还提出我国城市合流制排水系统改造与溢流控制系统化方案的编制目标、编制思路及重点任务，并编写了城市合流制排水系统改造与溢流控制系统化方案编制大纲。

### 1.2.3 梳理合流制溢流控制措施规划设计方法

发达国家经过长期的研究和实践，研发出许多比较成熟的合流制溢流控制技术措施，而这些技术措施的合理选用、设施规模的科学设计、不同技术措施的优化组合等极大地影响着控制方案的投资效益。合流制排水系统改造与溢流控制措施包括源头减量、雨污分流改造、提高截流能力、设置调蓄设施、污水处理厂升级改造和溢流污水快速净化处理、管道系统优化（实时控制，管道冲洗等），以及一些非工程性措施如政策法规、公共教育、环境管理和街道清扫等。

本书系统地研究了合流制排水系统改造与溢流控制关键技术措施的适用范围、优缺点及其控制效率的关键影响因素，梳理了不同技术措施的规划设计思路、规模设计方法、参数选取依据等。结合我国合流制排水系统特征与问题，提出应系统性关注和解决合流制系统存在的诸多问题，并通过经济效益分析进行方案比选和优化，科学合理地选择设施类型和确定设施规模，从而更好地完善城市排水系统，有效控制合流制溢流污染。

# 第2章　国内外合流制溢流控制要求及进展

## 2.1　国外合流制溢流控制历程及经验

### 2.1.1　合流制系统总体情况

根据美国国家环境保护局（U.S. Environmental Protection Agency，EPA）（以下简称美国环境保护局）相关统计，美国有 32 个州采用合流制排水系统，费城、纽约、华盛顿特区、波特兰、西雅图等城市的排水系统都是以合流制为主。欧洲国家的很多城市都有大量合流制排水系统，英国、法国合流制排水系统占比约为 70%。根据 2013 年统计数据，德国合流制服务人口比例约为 54%，汉堡等城市合流制系统服务人口超过 90%。日本采用合流制的城市共 192 个，其中 12 个采用合流制系统的 100 万人口以上城市中，合流制排水系统服务面积占城市总面积的比例平均为 47.6%，东京都地区合流制服务面积的占比达 82%，大阪市约 97% 的地区采用合流制管道系统。

发达国家很早便开始重视合流制溢流（Combined Sewer Overflow，CSO）问题，美国、德国、日本等发达国家都较早地开展了合流制溢流控制的研究与实践，近年来仍在不断加大研究力度，寻求更经济高效的控制措施。

### 2.1.2　美国——"灰绿结合"替代传统灰色设施
#### 1. 总体情况

20 世纪 70 年代，美国就已经开始重视合流制溢流污染问题，并积极开展合流制溢流控制相关研究和实践。为了有效控制合流制溢流污染，美国环境保护局在 1989 年发布了合流制溢流控制对策，并于 1994 年在合流制溢流控制对策的基础上发布了合流制溢流控制法规。美国环境保护局在 1994 年正式颁布的合流制溢流控制政策中，第一次明确要求各地制定合流制溢流长期控制规划，各地可采取实证途径或者推测途径来满足水质标准，所谓实证途径，即证明合流制溢流长期控制规划能够实现水质标准；推测途径则需要实现年平均溢流次数不多于4~6次、溢流总量削减85%或者一定量的污染物削减。具体采取何种途径需要根据各地合流制系统特征和条件而定，这一要求为合流制溢流长期控制规划目标的选择提供了依据。在规划目标选择上，多数地区选择相对易于量化和操作的溢流次数、溢流量或溢流污染物排放量作为合流制溢流控制指标。当然，在制定控制目标时需始终围绕地方水质标准，同时重点考虑对生态敏感区的影响。美国部分地区和城市合流制溢流控制规划目标与阶段性合流制溢流控制效果见表2-1。

美国部分地区和城市CSO控制规划目标与阶段性溢流控制效果统计表　　表2-1

| 项目 | CSO控制规划目标 | CSO控制实施时间段 | 对应溢流总量控制率（%） |
|---|---|---|---|
| 密尔沃基 | 平均溢流次数不高于6次或溢流削减率不小于85% | 1977年~2002年 | 80 |
| 波特兰 | 冬季不多于4次，夏季3年一遇不溢流 | 1993年~2011年 | 79 |
| 纽约 |  | 1972年~2010年 | 72 |
| 西雅图 | 平均未处理的年溢流次数不高于1次 | 1980年~2010年 | 60 |
| 圣路易斯大都会 | 溢流次数不高于4次 | 1980年~2009年 | 55 |

1995年美国环境保护局发布了合流制溢流长期控制规划指南和合流制溢流九项基本控制措施指南，各州和城市根据这些政策和指南开展合流制溢流控制工作。由于合流制溢流污染问题极其复杂，并且涉及长期的基础设施规划建设，美国环境保护局规定各城市政府必须制定合流制溢流控制长期规划并由州政府批准，美国环境保护局则对合流制溢流长期控制规划中的一系列控制措施进行评估，以确保最终实现对合流制溢流的有效控制。近年来，美国各城市开始将低影响开发（Low Impact Development，LID）和绿色基础设施（Green Infrastructure，GI）应用于合流制溢流控制之中，不仅控制效果显著，也具有节省投资、环境效益高等优点。

截至2024年，美国正式推行合流制溢流长期控制规划已30余年，在合流制溢流控制上取得了显著的成效，但各地也面临着巨大的财政压力，需要在有限的资金下实现投资的最优化。此外，部分地区的合流制溢流长期控制规划也暴露出局限于针对合流制溢流问题，缺少对《清洁水法》（CWA）的全面响应，这造成一些地方开展一系列水质控制规划时缺乏全局性、计划性与连续性。美国环境保护局于 2012 年提出的"综合规划"框架便是基于这一背景，旨在倡导地方采取综合性的规划实现市政雨、污水的高效管理，同时推荐应用可持续的措施。合流制溢流长期控制规划能够为地方开展合流制溢流控制提供全面的指导，而综合规划则是基于《清洁水法》（CWA）的所有要求，实现合流制溢流／管道污水溢流 (Sanitary Sewer Overflow，SSO) 控制、雨洪管理、污水处理等的综合管理（表 2-2），综合规划是将公众健康和环境问题放在第一位。从表 2-2 可看出，相比合流制溢流长期控制规划，综合规划具有以下优势：

（1）规划中综合考虑 CSO/SSO、污水处理配套、分流制雨水及雨洪综合管理等内容，避免出现项目间的重叠与冲突；

（2）鼓励与非商业组织合作，加强部门协作的同时让更多的利益相关方参与进来；

（3）具备更大的灵活性；

（4）能够加速水质的改善，实现资金优化配置。总体来看，综合规划比合流制溢流长期控制规划范围更广，综合效益更显著，当然操作难度也会更高。近年来，美国不少地区根据该框架以综合规划的形式制定合流制溢流控制规划或对长期控制规划进行修编。

美国合流制溢流长期控制规划与市政雨、污水综合规划对比表　　　　表 2-2

| 项目 | CSO 长期控制规划 | 市政雨、污水综合规划 |
|---|---|---|
| 法律依据 | 《清洁水法》（NPDES）、CSO 控制政策 | 《清洁水法》(NPDES、NPDES MS4 许可、TMDL)、CSO 控制政策 |
| 规划范围 | CSO/SSO | CSO/SSO、污水处理、雨洪管理 |
| 规划目标 | 在《清洁水法》及水质标准为总要求下控制溢流次数、溢流量或污染负荷等 | 整体满足《清洁水法》及水质标准要求 |
| 主要内容 | 1. 合流制系统的特征及监测模拟；<br>2. 公众参与；<br>3. 敏感区考虑；<br>4. 控制措施评估；<br>5. 效益分析；<br>6. 实施计划；<br>7. 现有污水处理厂处理能力充分利用；<br>8. 实施时间表；<br>9. 建成后效果监测 | 1. 水质，人类健康和法规问题阐述；<br>2. 现有系统和性能描述；<br>3. 利益相关方参与；<br>4. 评估和选择措施；<br>5. 效果评估；<br>6. 综合规划优化 |

## 2. 纽约市案例

纽约市是美国人口最多的城市，纽约市约 70% 的排水面积为合流制区域，纽约市合流制区域及合流制溢流口分布如图 2-1 所示。纽约市从 20 世纪 50 年代开始开展合流制溢流污染的研究与评估工作，是美国较早开展合流制溢流控制相关工作的城市之一。在前期的探索中，纽约市以建设调蓄设施和升级改造污水处理厂等措施为主。1972 年纽约市首座合流制溢流调蓄设施竣工，有效存贮容积为 4.5 万 $m^3$。20 世纪 70 年代中期到 80 年代中期，纽约市投入大量资金对当地污水处理厂的二级处理工艺进行升级改造，有效提高了对雨天合流污水的处理能力。此外，纽约市还积极实施了排水设施运行系统优化、管道清理、水体漂浮物控制、河道整治等措施。在合流制溢流控制取得一定成效的同时，昂贵的建设费用、巨大的社会影响给纽约市带来了一定的负担。

图 2-1　纽约市合流制区域及溢流口分布图

为响应联邦政府相关政策并满足城市发展需求，纽约市从 2008 年开始实施《可持续雨水管理规划》，推广将绿色基础设施应用于城市住宅、街道、公园等新建及改造项目中，成为纽约市雨水管理"绿色化"的重要转折点。2010 年纽约市发布《绿色基础设施规划》，制定了灰绿设施结合的合流制溢流控制策略，计划到 2030 年通过实施绿色基础设施控制 10% 合流制区域不透水面积上的 25.4mm 的降雨，同时投资约 29 亿美元建设具有高性价比的灰色设施，优化现有城市排水系统。在纽约市的灰绿设施综合实施策略中，经过经济技术比较，如果采用传统灰色基础设施，纽约在 20 年内需要投入约 68 亿美元。但是若采用必要的灰色设施加上绿色基础设施，只需要投入约 53 亿美元，其中绿色基础设施投资为 24 亿美元。纽约市合流制溢流控制历程如图 2-2 所示。

图 2-2　纽约市合流制溢流控制历程示意图

纽约市合流制溢流控制方案中"绿色策略"和"灰色策略"投资对比如图 2-3 所示。

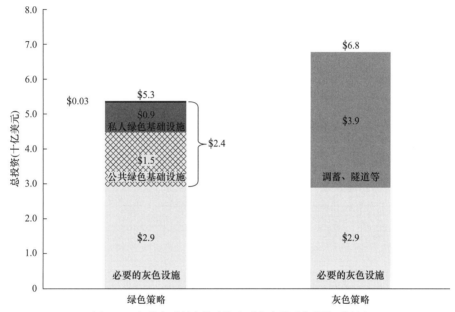

图 2-3　纽约市"绿色策略"和"灰色策略"投资对比图

从纽约市合流制溢流控制的发展过程可以看出，发达国家城市并不是单纯依靠雨污分流改造来控制合流制溢流污染，更多是在原有合流制系统的基础上，采取一系列溢流控制措施削减排入水体的合流制溢流污染负荷。尤其是近年来，发达国家在实施传统的建设调蓄池和调蓄隧道、升级改造管网设施、提高污水处理厂处理能力等灰色设施的基础上，加强了从源头控制雨水径流，有效减少径流产生量、降低径流峰值、减少径流污染。相比传统灰色基础设施，绿色基础设施在合流制溢流控制中有着显著的环境、社会及经济效益，因此"灰绿结合"策略逐渐替代传统灰色基础设施建设成为美国合流制溢流控制新的发展理念。

### 3.西雅图市案例

西雅图市在 1980 年的排水设施规划中开始强调优先开展生态敏感区的合流制溢流控

制，该类区域水质要求严格，对鲑鱼洄游非常重要。在该项规划以及后来的 1988 年合流制溢流削减规划和 2001 年合流制溢流削减规划修编中，西雅图市主要采取建设调蓄设施的控制策略，而在 2005 年合流制溢流削减规划修编中开始探索采取最佳管理措施（best management practice，BMP），2010 年的合流制溢流削减规划修编中则开始采用绿色基础设施。尽管到 2009 年西雅图市已经将溢流总量降低了 70%，但每年仍然有近 40 万 $m^3$ 的雨污混合水溢流进入水体，这与华盛顿州《水污染控制法》中"每个溢流口未处理溢流的次数需要满足平均每年不多于一次"的控制要求还有较大差距。因此，2012 年美国环境保护局和华盛顿州生态部门对西雅图市罚款 35 万美元，同时要求其在 2015 年完成长期控制规划，并在 2025 年完成所有规划项目。最终，西雅图市在 2016 年编制了西雅图水系保护规划并按此规划开展合流制溢流控制，该规划包含了合流制溢流长期控制规划、综合规划和环境影响分析三个部分。西雅图市推荐采用综合规划的形式开展合流制溢流控制，在实施对水质影响显著的雨水控制项目的同时推迟一些综合效益较低的合流制溢流长期控制项目。西雅图市是美国最早开展综合规划控制合流制溢流的城市之一，其探索和实践为其他城市开展综合规划提供了参考借鉴。

### 2.1.3 日本——制定详细的"合流制完善计划"

日本下水道协会于 1982 年颁布了《合流制溢流控制对策和试行指南》，提出对溢流生化需氧量负荷以及平均降雨强度低于 2mm/h 条件下的溢流进行管控。

日本 2003 年颁布的《下水道法施行令》规定，受降雨影响不大时，溢流排口不得向河流或其他公共水域或海域排放污水；在受雨水影响较大时（场次降雨在 10～30mm 范围），溢流排口需满足相应的排放标准排放。同时进一步明确了雨天合流制污水溢流排放的标准：雨水影响较小时，按照公共下水道的排放标准进行管理；雨水影响较大的排水分区，《下水道法施行令》颁布 10 年后，合流制下水道各溢流排口 BOD 的 5 日平均浓度不超过 40mg/L；对于排水分区超过 1500hm² 或承担流域公共下水道功能超过 5000hm² 的相应期限为 20 年，在超过 10 年但未达到 20 年的期间，各溢流排口 BOD 的 5 日平均浓度不超过 70mg/L。

日本 2008 年颁布的《合流制下水道紧急改善计划》中明确了合流制溢流控制目标：同等类型规模的合流制区域总污染物负荷应不超过分流制系统的外排污染负荷（各出水口的 BOD 平均不超过 40mg/L）；所有溢流和排放口的合流制溢流次数减半；所有溢流构筑

物需要有控制固体颗粒物的相应措施。

在末端处理环节，东京十几个污水处理厂几乎都引入了雨天污水处理改造工艺，增加了高速过滤系统，对一级处理系统进行强化，确保雨天处理能力的增加。如芝浦污水处理厂雨天能够处理 3 倍于旱季流量的雨污混合水，其中 1 倍旱季流量进入生化系统，2 倍旱季流量通过高速过滤系统处理达标后排放。

日本大阪市经过试验研究，对污水处理厂进行升级改造，推广应用基于"吸附－再生"原理的 3W 技术处理雨天增加的合流污水，如图 2-4 所示。大阪市污水处理厂雨天设计入流量为旱季污水峰值流量 $Q$ 的 3 倍，将其中 $1Q$ 的雨天合流污水进行正常处理，其余 $2Q$ 的雨天合流污水经初沉池沉淀处理后输入活性污泥工艺曝气池末端单元，并将水力停留时间缩短在几十分钟内，充分利用活性污泥的吸附作用快速去除污染物，活性污泥在曝气池的末端单元吸附了大量污染物，随后进入到二沉池并且通过污泥回流再次回到曝气池，经过曝气池前端和中间部分时污染物得以降解，同时在到达末端之前活性污泥又恢复了吸附能力。这个循环过程保证了 3W 技术的持续运行。实际运行结果显示，与仅采用初沉池处理雨天增加的合流污水的工艺相比，3W 技术处理后的出水中 SS 和 BOD 浓度平均降低了 73% 和 61%，出水水质大为改善。

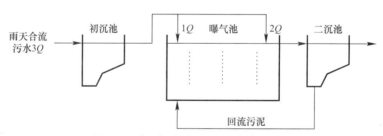

图 2-4　大阪污水处理厂 3W 技术流程图

## 2.2　我国合流制系统改造与溢流控制进展

### 2.2.1　我国城市合流管渠统计

根据 2011 年～2020 年《中国城市建设统计年鉴》，我国城市当前排水管道总长度约 74.4 万 km，其中合流管总长度约 10.1 万 km，占排水管道总长度的 12.6%。在统计的 687 个城市中有 569 个城市存在合流管，占比 82.8%。在变化趋势方面，2011 年～2020 年各城市积极推进排水管道新建和雨污分流改造工作，全国城市合流管长度总量呈波动减少的趋势，其中 2018 年～2020 年下降较为明显；城市合流管长度占排水管道总长度比例呈显著下降趋势，2011 年～2020 年累计下降约 50%，如图 2-5 所示。

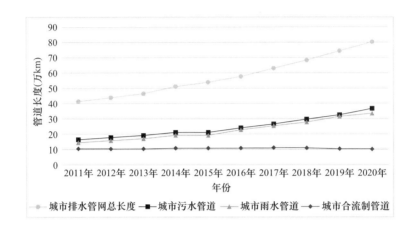

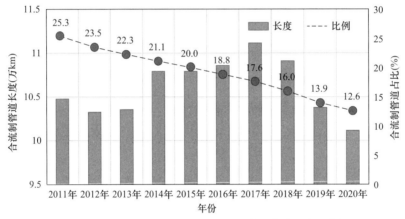

图 2-5　2011 年～2020 年我国城市合流制管道长度及占比变化图

从各省（自治区、直辖市）城市合流制管道长度占排水管道总长度比例来看（图 2-6），新疆、宁夏、黑龙江、西藏 4 省（自治区）城市合流制管道长度占比最高，均超过 30%，总体上与城市降雨量、经济发展水平及排水管道建设改造政策等密切相关。

从各城市合流制管道长度占排水管道总长度比例来看（图 2-7），在统计的 687 个城市中约有 14% 的城市合流制管道长度占比在 50% 以上，27% 的城市占比在 30% 以上；占比为 100% 的城市均集中在新疆维吾尔自治区及新疆生产建设兵团地区。合流制管道长度占比与城市气候、经济及发展历史等因素密切相关，总体上干旱地区城市合流制管道长度占比偏高，经济发达城市占比一般低于欠发达城市。

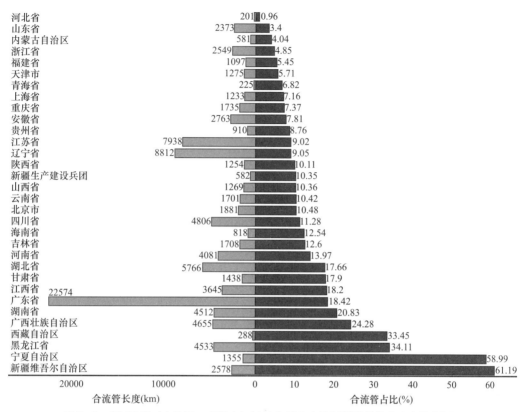

图 2-6　我国各省（自治区、直辖市）2020 年城市合流制管道总长度及占比分析图

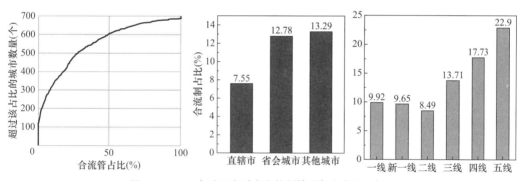

图 2-7　2020 年我国各城市合流制管道长度占比分析图

以上为我国城市排水管道数量的官方统计数据，以此为基础对我国合流制管道数量、分布及变化特点的统计分析，结果具有一定参考价值。但限于各地对"合流管"的概念和界定方式存在不同的理解，以及我国排水系统存在的较严重的混接错接现象，统计年鉴数据与实际情况可能存在一定偏差。

13

### 2.2.2 合流制溢流控制目标

我国《海绵城市建设评价标准》GB/T 51345—2018 中关于合流制溢流控制的相关要求为：控制雨天分流制雨污混接污染和合流制溢流污染，并不得使所对应的受纳水体出现黑臭；或雨天分流制雨污混接排放口和合流制溢流排放口的年溢流体积控制率均不应小于50%，且处理设施悬浮物（SS）排放浓度的月平均值不应大于 50mg/L。

北京、上海等地在相关规划中制定了明确的合流制溢流控制目标，其中，北京、上海合流制溢流水量控制要求如表 2-3 所示。

北京、上海合流制溢流水量控制要求表    表 2-3

| 序号 | 城市 | 水量控制要求 | 上位依据 |
|---|---|---|---|
| 1 | 北京 | 中心城区溢流口、跨越口在场次降雨小于33mm时污水不入河 | 《北京市城市积水内涝防治及溢流污染控制实施方案（2021年—2025年）》 |
| 2 | 上海 | 强排系统初期雨水截流标准合流制≥11mm | 《上海市城镇雨水排水规划（2020—2035年）》 |

昆明市 2020 年发布的《城镇污水处理厂主要水污染物排放限值》DB5301/T 43—2020中要求，对于建设有一级强化处理设施的城镇污水处理厂，当雨季污水处理厂处理量达到设计处理规模的1.1倍时，超量雨污混合水经一级强化处理后的单独排放出水执行 $E$ 级限值。武汉、重庆等地也在积极开展合流制溢流快速净化设施排放标准制定相关工作。我国部分城市合流制快速净化设施排放标准如表 2-4 所示。

我国部分城市合流制快速净化设施排放标准表    表 2-4

| 序号 | 污染物项目 | 昆明 | 重庆 | 武汉 | 三级排放标准 |
|---|---|---|---|---|---|
| 1 | COD | 70 | 70 | 100 | 120 |
| 2 | BOD | 30 | — | | 60 |
| 3 | 总磷 | 2 | 2 | 1 | 5 |
| 4 | SS | | 50 | 30 | 50 |
| 5 | 色度 | | 50 | | 50 |
| — | | 《城镇污水处理厂主要水污染物排放限值》DB 5301/T 43—2020E级标准 | 《城镇排水溢流排口污染物控制技术标准》（征求意见稿） | 《黄孝河机场河 CSO强化处理设施设计出水水质》 | 《城镇污水处理厂污染物排放标准》GB 18918—2002 |

### 2.2.3　合流制溢流控制实施

近年来，在我国系统推进海绵城市建设、黑臭水体治理、内涝综合治理及污水提质增效等工作的过程中，许多城市加大了对合流制排水系统的改造力度，逐步重视合流制溢流污染问题。我国目前采取的合流制溢流控制对策主要有两种：一种是通过实施雨污分流改造以提高管渠排水能力并消除合流制溢流现象，另一种是保留现有合流制系统并进行改进和完善，通过增设调蓄设施和快速净化处理设施等有效控制和削减溢流污染。

#### 1.雨污分流改造

将合流制排水系统改造成分流制排水系统，实现彻底的雨污分流，理论上可以消除合流制溢流的产生，多年来我国大部分存在合流制系统的城市基本上都是基于这一思路制定排水规划，当前许多城市正在大力推进雨污分流改造工作。

南昌市正在按照《城市水环境治理三年攻坚行动实施方案（2022—2024 年)》实施有史以来规模最大、治理范围最广的污水系统整治工程，对全市 550 余条市政道路分批次进行雨污管网改造。主要改造思路为：以小区、城中村、建设工地、民营企业、机关企事业单位等相对集中排水的地块为单元，将全市建成区划分为若干排水单元，开展截污纳管、雨污管网分流改造；按照污水处理厂服务区域，将建成区范围内合流制区域分为若干治理片区，通过新建一套市政污水管网替代原有合流管网，并对原有管网、箱涵进行清淤、检测、修复作为雨水管网使用，解决雨天污水溢流问题，提升污水处理厂进水浓度；以排水单元为单位，从源头到末端，对市政雨污管网进行全面摸排，对存在的错接、漏接、混接、破损、沉积等问题进行清淤、检测、修复、改造或新建，尽可能减少雨水、污水在收集汇流的过程中出现混流、渗漏、外水倒灌等情况，避免污水通过雨水管道排入水体。还成立南昌市城市排水有限公司，作为老城区管网改造项目的业主单位，负责项目的融资、组织实施、推进等相关工作，同时后期作为全市污水管网的运维单位，为实现"供排一体、厂网一体"运转模式奠定了基础。

理论上实施雨污分流改造可以"彻底解决"合流制溢流污染问题，但是受老城区建设密度高、道路狭窄等因素制约，雨污分流改造涉及面广，存在工程投资大、施工困难、损坏现有路面、影响交通等诸多现实问题，加之许多分流制区域雨污管道混接现象严重，建立理想的分流制或将合流制改为完全分流制系统面临一系列挑战和困难，容易出现改造不彻底、效果不佳等问题，因此只适用于部分有条件的地区。当前我国一些城市的部分合流制片区，如北京旧城合流制系统、上海汉阳合流制系统在综合考虑"合改分"实施难度、技术和效果等因素后，基本放弃"合改分"而选择保留和优化完善合流制系统。

另外，雨污分流改造后的雨水系统径流污染仍然需要重视，美国多数地区都是将雨污分流改造作为合流制污染控制的备选措施之一，有针对性地选择可行性强、投资成本低、实施效果好的区域进行雨污分流改造，并充分结合其他技术措施统筹应用，而不是简单化地一概推行。

### 2. 保留合流制并控制溢流污染

以早期昆明滇池、上海苏州河等重点河湖水环境治理为代表，我国城市开始关注和应对合流制溢流污染问题。近年来上海、北京、昆明、武汉等城市针对合流制排水系统开展专项研究，制定了合流制溢流控制实施方案、专项规划、技术规程及地方标准等。随着国内对排水基础设施及水环境问题的重视，尤其是在推进海绵城市建设实践过程中，许多城市加大了对合流制系统的改造力度，更加重视合流制溢流污染问题。

北京市在东城区龙潭湖公园湖底建设了一座 6 万 $m^3$ 的调蓄池，地上则恢复为公园绿化和景观，作为北京市中心城区首个合流制溢流调蓄池工程，项目的建成有效减小了合流制溢流污染对龙潭湖及下游南护城河水环境的影响。此外，北京市中心城区还计划建设清河、坝河、凉水河、通惠河四大流域溢流污染控制工程体系，总溢流污水调蓄净化能力达 50 万 $m^3$，助力中心城区实现溢流口、跨越口在场次降雨小于 33mm 时污水不入河的目标。

昆明市在 2018 年发布了《滇池保护治理三年攻坚行动实施方案（2018—2020 年）》，采用"生态调蓄＋水质提升处理"的方法，开展污水处理厂提标改造，雨季针对增加的雨污混合水启动一级强化处理，新建污水处理厂均引入旱季、雨季双运行模式设计理念；在主城区及重点河道周边建设调蓄设施削减溢流污染，包括在城区二环以内建设 19 座调蓄池（每座容积 1 万～2 万 $m^3$），在其他地区建设调蓄坑塘（总容积近 100 万 $m^3$）；在入滇（滇池）河道入湖口利用湿地实现雨季溢流污水的净化处理。

从 2018 年开始，武汉市结合流域综合治理理念和黑臭水体治理实际，制订了一批包括汉口老城区排水通道黄孝河、机场河在内的重点流域治理规划。武汉市在黄孝河、机场河水环境综合治理项目中建设了 3 座总规模为 45 万 $m^3$ 的调蓄池和 2 座合流制溢流快速净化设施，快速净化设施自投运以来持续运行稳定，出水水质均达到设计标准，显著减少了合流制溢流污染，改善了城市水环境。

## 2.3　国内外合流制系统差异

### 2.3.1　降雨特征

我国地域辽阔，国内各城市之间，国内城市与国外城市之间的降雨特征（总降雨量，降雨量年、月分布，雨型，雨强等）差异显著，这对于合流制排水系统溢流控制目标、控制策略、设施规模和控制效果等有很大影响。

整体而言，欧美国家城市降雨年内分布相对较均匀，各月降雨量差异较小，暴雨出现频率相对较小。对于降雨分布均匀的城市，在相同溢流控制目标下，源头减排、调蓄池等合流制溢流控制措施的设计规模需求会相对较小、设施利用效率更高。而我国城市各月降雨量差异普遍较大，降雨集中在汛期并且汛期暴雨较多，若要达到欧美国家的相同的溢流控制目标，我国城市可能需要更大的设计规模（如管道尺寸、调蓄池等）和更多的投资。因此，在借鉴国外合流制溢流控制相关标准规范和设计参数时应充分考虑我国城市降雨特征，并因地制宜进行参考借鉴。

如图 2-8 所示为我国与欧美国家部分城市降雨年内分布对比。

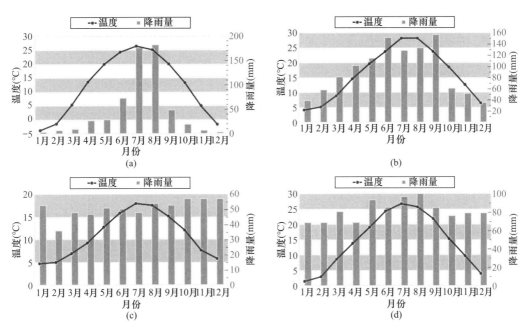

图 2-8　我国与欧美国家部分城市降雨年内分布对比图
（a）北京；（b）上海；（c）伦敦；（d）华盛顿

### 2.3.2 管网系统

合流制排水系统的收水范围和管渠管径相对较大，旱季时污染物更容易在管渠内沉积，加之由于管渠建设使用年代久远、维护不佳，管渠清淤冲洗较少等原因，导致我国合流制管渠普遍处于高水位、低流速状态，污染物沉积问题比较突出。旱季沉积在管渠内的污染物会在强降雨时随雨水冲刷进入城镇污水处理厂或溢流排入城市河湖，部分溢流进入河道的污染物浓度甚至高于污水处理厂进水浓度。

为有效防止污染物沉积，德国在合流制管渠系统内设置了旱季污水流槽和大量拦蓄冲洗设备，如图 2-9 所示为德国典型合流制管道图。

图 2-9　德国典型合流制管道图

与发达国家相比，我国的合流制排水系统存在的问题相对更为复杂，除了合流制溢流污染问题外，同时面临排水能力不足，功能性、结构性缺陷及雨污管道混接错接普遍，管网长期高水位运行、清通养护水平低、截流溢流方式设置不当，污水处理厂雨天受到较大冲击等问题。因此，需要在充分分析我国合流制系统特点的前提下，因地制宜借鉴发达国家合流制溢流控制实施策略和技术方法。

### 2.3.3 污水处理厂设计

在欧美等发达国家，污水处理厂除了处理旱季流量外，还同时预留了对雨季增加流量的处理能力，表 2-5 为美国北卡罗来纳州 Muddy，Elledge，South Fork Basins 三座污水处理厂实际处理能力相关数据，可以看出 3 座污水处理厂处理能力具有很大的弹性和空间。

我国污水处理厂构筑物设计流量并未考虑对雨季峰值流量的处理，导致雨季超出污水处理厂设计规模的雨污混合水在厂前或管线溢流井处溢流，对城市水环境造成严重污染。

美国 Muddy，Elledge，South Fork Basins 污水处理厂
年均、月均、最高日、最大时峰值系数表　　　　　　表 2-5

| 项目 | 年均值峰值系数 | 月均值峰值系数 | 最高日峰值系数 | 最大时峰值系数 |
| --- | --- | --- | --- | --- |
| Elledge 污水处理厂 | 1.14 | 1.22 | 2.67 | 3.27 |
| Muddy 污水处理厂 | 1.18 | 1.26 | 3.01 | 3.53 |
| South Fork 污水处理厂 | 1.14 | 1.26 | 2.67 | 3.37 |

与此同时，国内很多城市近年来在海绵城市建设和黑臭水体治理中实施了沿河截污工程，并提高了截污管渠的截流倍数，但是下游污水处理厂的处理能力却没有与之匹配，污水处理厂对雨季峰值流量处理的缺失，已经成为当前制约我国合流制溢流控制及水环境质量改善的关键因素。

## 2.4　我国合流制溢流控制目标建议

我国城市合流制溢流控制工程经验和数据积累相对较少，在借鉴发达国家合流制溢流控制目标和指标的基础上，结合我国城市特点，建议我国合流制溢流控制目标的制定可采用水量水质双重管理的总体思路，如图 2-10 所示。

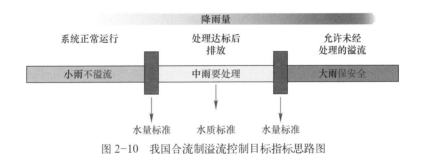

图 2-10　我国合流制溢流控制目标指标思路图

### 2.4.1　水量控制目标与要求

合流制溢流水量控制要求可表述为"小雨不溢流，中雨要处理，大雨保安全"。对于"小雨"，通过完善合流制管渠系统，综合实施源头减排和增加截流、调蓄、污水处理厂雨天处理能力等措施，实现较小降雨时无雨污混合水溢流至水体；对于"中雨"，要求所有溢流污水须经过处理达标后排放；对于"大雨"，在充分发挥合流制系统调蓄处理能力的前提下，允许过量雨污混合水排放，但对于敏感水体应设置污染物拦截设施，降低合流制溢流的冲击性污染。

建议以日降雨量指标作为水量控制标准，便于与气象数据、海绵城市建设目标指标相衔接。参考降雨量等级可在全国层面给出最低控制标准，各城市结合实际确定具体控制标准。表2-6为"小雨"划分标准备选方案及其优缺点分析，表2-7为"中雨"划分标准备选方案及其优缺点分析，"中雨"对应标准以上则为"大雨"对应的标准。

"小雨"划分标准备选方案及优缺点分析表　　　　　　表2-6

| 方案 | 控制目标 | 优点 | 缺点 |
|---|---|---|---|
| 方案一 | 日降雨量10mm以内不溢流 | 与降雨量等级匹配，易理解、易操作 | 没有体现地区间降水差异 |
| 方案二 | 设计截流倍数内的降雨不溢流 | 与截流系统设计值一致，因地制宜 | 地方有选择权，标准不统一；不利于监督 |

"中雨"划分标准备选方案及优缺点分析表　　　　　　表2-7

| 方案 | 控制目标 | 优点 | 缺点 |
|---|---|---|---|
| 方案一 | 日降雨量25mm以内处理达标可排放 | 与降雨量等级匹配，易理解、易操作 | 没有体现地区间降水差异 |
| 方案二 | 年径流总量控制率对应的日降雨量不直接溢流 | 与海绵城市要求吻合，与《城乡排水工程项目规范》GB 55027—2022一致，依据充分 | 地方有选择权，标准不统一 |
| 方案三 | 年溢流体积控制率不小于50% | 与《海绵城市建设评价标准》GB/T 51345—2018一致，依据充分 | 对于降水量大的城市要求偏高、设施规模偏大；不利于监督 |
| | 年溢流体积控制率不小于80% | 与《城镇水务2035年行业发展规划纲要》一致，依据充分 | |

## 2.4.2　水质控制目标与要求

合流制溢流水质控制要求的核心是对"中雨"的排放水质要求，即合流制溢流快速净化处理设施处理排放标准。建议将SS单项指标或COD、SS、总磷（TP）3项指标作为污染控制指标，当前相关城市要求及我国排放浓度限值建议如表2-8所示，各地可结合水质目标、水环境容量等制定更严格的处理排放标准。

我国合流制溢流快速净化设施处理排放标准建议表　　　　　　表2-8

| 项目 | SS | COD | TP |
|---|---|---|---|
| 排放浓度限值建议 | 50 | 120 | 5 |
| 《城镇污水处理厂污染物排放标准》GB 18918—2002三级标准 | 50 | 120 | 5 |
| 武汉 | 30 | 100 | 1 |

| 项目 | SS | COD | TP |
|------|------|------|------|
| 昆明 | — | 70 | 2 |
| 重庆 | 50 | 70 | 2 |

（1）方案一：将悬浮物 SS 作为污染物控制指标

参照《海绵城市建设效果监测技术指南》（中国城镇供水排水协会），选择悬浮物（SS）作为溢流控制指标。参照《海绵城市建设评价标准》GB/T 51345—2018，SS 排放浓度月均值不应大于 50mg/L，各地可根据受纳水体水质目标、水环境容量、污染源类型等制定更严格的排放标准。

（2）方案二：将 COD、SS 和 TP 三项指标作为污染物控制指标

考虑到合流制溢流快速净化设施及一级强化处理工艺对色度、BOD 等指标去除效果不显著的特点，选取 COD、SS 和 TP 三个指标作为溢流控制指标。污染物浓度最低控制标准对标《城镇污水处理厂污染物排放标准》GB 18918—2002 中三级标准，各地可根据受纳水体水质目标、水环境容量、污染源类型等因地制宜制定更严格的排放标准。

# 第3章 海绵城市背景下合流制改造与溢流控制路径

在我国各城市推进海绵城市建设、黑臭水体治理、内涝综合整治及污水提质增效的过程中，合流制系统存在的相关问题已成为各城市改善和优化排水系统、提升水环境质量和排水防涝能力的难点、痛点，在部分城市甚至成为影响海绵城市建设和黑臭水体治理成效的关键。由于合流制系统通常存在于老城区，很多城市在实施合流制改造与溢流控制时面临地下空间不足、施工难度大、投资高、协调困难等一系列问题制约；加之我国幅员辽阔，不同城市之间气候条件、经济状况、合流制系统状况、合流制溢流污染水平及规律等差异巨大，合流制系统改造思路和方案的确定存在较大的技术难度，不合理的方案往往导致在实施改造之后却未能实现规划设计目标。因此，明确新时期合流制系统改造与溢流控制路径，并制定科学合理的合流制系统改造与溢流控制方案十分迫切和必要。

## 3.1 合流制系统界定及分类

相较于传统意义的通过设计建设一套排水管渠同时收集排放污水和雨水的合流制系统（图3-1），我国城市合流制系统更为复杂（图3-2）。我国城市老城区在早期建设排水系统时受经济条件和河流、近海排放标准等限制多采用雨污合流管渠，随着旧城改造和新城开发建设，排水系统也经历了持续的新建（一般采用雨污分流）和更新改造（截污、雨污分流改造等），由于存在指导思想不明确、缺少统筹协调、建设不规范及运营维护缺失等问题，导致当前排水体制不清，单一的合流管渠仍不同程度存在，而雨污混接错接现象普遍、上游下游衔接混乱，合流与分流系统相互交织。

为更清晰地反映排水体制状况，需要分区域、分类型，更多从管渠实际雨水污水收集情况、上游下游衔接关系及排放出口效果等方面界定排水体制。在描述和界定中宜区分

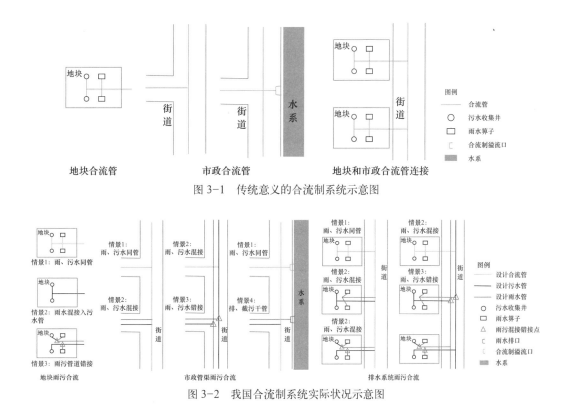

图 3-1　传统意义的合流制系统示意图

图 3-2　我国合流制系统实际状况示意图

"合流制管渠"和"合流制系统",区分"地块管渠"和"市政管渠",以及区分"混接"和"错接",进而更好地支撑对合流制系统的评价与改造完善。合流制管渠的判定宜以雨、污水是否各行其道,排水管段在降雨期间是否同时排放雨水和污水为标准。导致管渠合流的原因一般有 3 种:一是本身设计或仅建设了一套排水管渠;二是由于排水管渠上、下游衔接客观原因造成"混接",包括上游分流而下游只有一根合流管,或上游合流而下游分流只能接入污水管等情况;三是上、下游均为雨污分流管渠但在衔接处出现人为造成的"错接"导致出现雨污合流。合流制系统的判定则宜以地块、排口/溢流口对应的相对较独立的排水片区或排水分区范围为单元。

## 3.1.1　地块管渠

地块管渠雨污合流一般包括 3 种情景:第一种是早期设计建设的用一套管渠同时排放地块内雨、污水的合流管;第二种是建设有污水管而无雨水管或仅局部有雨水管,利用地表坡度排放雨水但仍有部分雨水流入污水管形成混流;第三种是建设有雨、污两套管渠但由于施工等原因造成了错接,包括建筑雨落管与污水管的错接等。

### 3.1.2 市政管渠

市政管渠雨污合流一般包括 4 种情景：第一种是早期设计建设的一套管渠同时排放雨、污水，当前比较常见的是一些背街小巷、胡同等道路因空间限制仅设置一根管道，以及部分坡度较大地区仅铺设一条管渠，大部分雨水主要靠地表排放小部分进入管渠；第二种是合流管和分流管的被动混接，包括合流管接入污水管及雨污分流管渠接入合流管两种情况，随着市政排水管渠持续新建和改造，上、下游的衔接处极易产生较多的混接；第三种是设计建设有雨、污两套管渠但后期因人为原因造成了错接；第四种是合流制系统的排污、截污干管，由于上游合流及混接错接严重，排污、截污干管必然成为实际的合流管，包括部分早期原为雨水、山洪水排放通道的管渠逐渐演变成为主排污渠。

### 3.1.3 管渠衔接

市政管渠和地块管渠的衔接是产生或加剧雨污合流的关键，一般包括 3 种情况：第一种是地块和市政道路均为一套管渠同时排放雨、污水；第二种是地块和市政道路连接处存在合流管和雨污分流管的衔接，包括地块合流管接入市政污水管及地块分流管接入市政合流管两种情况；第三种是设计建设有雨、污两套管渠但后期因人为原因在地块接入市政管处产生错接。

### 3.1.4 排水系统

以雨水排口、合流制溢流口对应的排水分区为单元，只有地块和市政管渠均实现彻底的雨污分流且地块与市政管道、市政管道之间均正确衔接，才能称之为彻底的雨污分流系统，其余情况均界定为"合流制"或"雨污混接错接的合流制"（图 3-3）。由于雨污混接错接情况及污水截流设施的存在，许多排水分区内虽有大量的雨污分流管渠，但就排水分区而言仍然是合流制系统。

图 3-3 排水系统的分类与定性示意图

# 3.2　我国合流制系统改造目标

## 3.2.1　合流制系统问题

我国城市合流制系统的问题相对更为复杂，可能同时存在排水能力不足、溢流污染频发，以及污水收集处理效能低等问题。早期设计建设的合流制管渠标准相对偏低，随着城市快速发展原有管渠的污水、雨水汇水范围都不断增大，间接降低了管渠排水能力；许多合流制管渠由于修建年代久远和缺乏维护而出现结构性缺陷和功能性缺陷，部分位于建筑物下的管渠因无法清掏和检修淤积严重，严重影响过流能力；部分截流井、溢流口设置不合理导致出现旱季污水外流、雨天溢流排水不畅等问题，降低系统截流能力甚至增加内涝风险；合流制管渠管径设计大于相应分流制雨、污水管道，在旱季低流速情况下管道淤积问题更为突出，雨天因管道冲刷导致溢流进入水体的污染物浓度更高；河水、地下水倒灌或入渗，施工降水排入等问题普遍存在，加之管网维护不善和淤积严重，部分合流管渠旱季甚至处于满管状态，污水处理厂进水浓度偏低；污水处理厂设计规模和工艺与截污管道系统协同考虑不足，污水处理厂降雨期间进水浓度和进水量波动剧烈，污水厂网系统效能不高，厂前溢流量大。

## 3.2.2　相关政策与要求

近几年我国在海绵城市建设等方面出台了一系列重要政策文件和规划，其中对合流制系统的改造和溢流控制有很多明确要求。

在海绵城市建设方面，住房城乡建设部办公厅印发的《关于进一步明确海绵城市建设工作有关要求的通知》明确提出海绵城市建设应聚焦城市雨水相关问题，重点解决或缓解城市内涝、水资源短缺、雨水径流污染和合流制溢流污染等问题，合流制溢流控制、雨污分流改造是海绵城市建设的重要任务。强调坚持系统施策，"源头减排、过程控制、系统治理"及生态措施与工程措施相融合的海绵城市建设思路对合流制系统改造和溢流控制具有重要指导意义。

在黑臭水体治理方面，住房城乡建设部、生态环境部、国家发展改革委、水利部联合印发的《深入打好城市黑臭水体治理攻坚战实施方案》强调要加强汛期污染强度管控，采取增设调蓄设施、快速净化设施等措施，降低合流制管网雨季溢流污染，减少雨季污染物入河、湖量；严控违法排放、通过雨水管网直排入河。生态环境部印发的《关于开展汛期污染强度分析推动解决突出水环境问题的通知》要求加强汛期水污染防治，把排水管网及污水处理厂雨季排放和溢流作为"十四五"时期重点解决的问题。

在内涝综合整治方面，住房城乡建设部、国家发展改革委、水利部联合印发的《"十四五"城市排水防涝体系建设行动计划》要求全面排查城市防洪排涝设施薄弱环节，排查排水防涝工程体系存在的过流能力"卡脖子"，雨、污水管网混接错接，排水防涝设施缺失、破损和功能失效等问题。要求系统建设城市排水防涝工程体系，针对易造成积水内涝问题和混接错接的雨、污水管网，汛前应加强排水管网的清疏养护；禁止封堵雨水排口，已经封堵的应抓紧实施清污分流，并在统筹考虑污染防治需要的基础上逐步恢复。

在污水提质增效方面，国家发展改革委、住房城乡建设部联合印发了《"十四五"城镇污水处理及资源化利用发展规划》，"合流制溢流控制"和"合流制溢流污水净化设施建设"被作为未来污水处理补短板、强弱项的重要内容。在补齐城镇污水管网短板、提升收集效能方面，规划开展老旧破损和易造成积水内涝问题的污水管网、雨污合流制管网诊断修复更新，循序推进管网错接混接漏接改造；因地制宜实施雨污分流改造，暂不具备改造条件的，采取措施减少雨季溢流污染。在强化城镇污水处理设施弱项、提升处理能力方面，规划提出长江流域及以南地区分类施策降低合流制管网溢流污染，因地制宜推进合流制溢流污水快速净化设施建设。

### 3.2.3　改造目标与指标

综合我国合流制管渠实际状况及存在问题，以及海绵城市建设、黑臭水体治理、内涝综合整治及污水提质增效方面的工作重点和目标要求，提出我国城市合流制排水系统的改造应统筹考虑"厂－网－河－城"（图 3-4），兼顾排水安全、控制减少污染排放，以及提高设施能力和运行效率。

我国城市合流制改造应系统性关注和统筹解决排水系统存在的多重问题，全面落实国家相关政策文件和标准规范要求，根据城市合流制系统实际状况、水环境质量现状和经济发展水平等，因地制宜确定务实、明确和循序渐进的目标指标，如表 3-1 所示（可参考选取），包含排水防涝，溢流控制，污水提质增效 3 个方面共 16 项指标，各指标均可量化评估。除污水处理厂、河湖水体及截污干管相关指标外，其余指标均以排口/溢流口对应的合流制排水分区为基本单元进行确定。

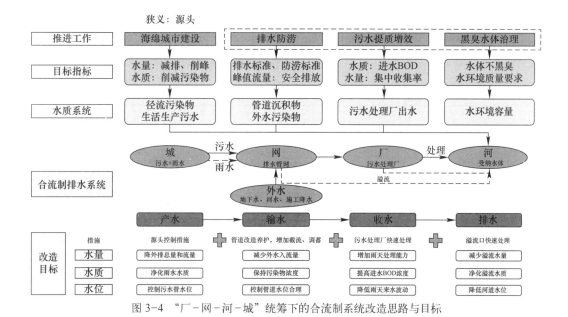

图 3-4　"厂－网－河－城"统筹下的合流制系统改造思路与目标

## 合流制排水系统改造目标指标表　　　　　　　　　　表 3-1

| 序号 | 一级指标 | 二级指标 | 指标属性 |
| --- | --- | --- | --- |
| 1 | 排水防涝 | 旱季污水排放能力达标管渠占比 | 定量 |
| 2 | | 汛期雨、污水排放能力达标管渠占比 | 定量 |
| 3 | | 截污干管旱季运行水位达标管段占比 | 定量 |
| 4 | | 排水管渠功能性、结构性缺陷数量 | 定量 |
| 5 | | 内涝防治标准 | 定量 |
| 6 | | 易涝点消除比例 | 定量 |
| 7 | 溢流控制 | 截污干管截流倍数 | 定量 |
| 8 | | 雨天溢流口溢流频次及溢流水量 | 定量 |
| 9 | | 雨天溢流口溢流排放水质达标率 | 定量 |
| 10 | | 污水处理厂雨天未达标排放水量 | 定量 |
| 11 | | 黑臭水体消除比例 | 定量 |
| 12 | 污水提质增效 | 管渠混接错接点数量 | 定量 |
| 13 | | 污水处理厂雨天进水量与旱季变化幅度 | 定量 |
| 14 | | 污水处理厂雨天进水浓度与旱季变化幅度 | 定量 |
| 15 | | 城市生活污水集中收集率 | 定量 |
| 16 | | 污水处理厂进水 BOD 平均浓度 | 定量 |

# 3.3 厂－网－河－城相统筹的系统化思路

随着国内对排水基础设施及水环境问题的重视，尤其是在推广海绵城市建设实践中，许多城市加大了对合流制系统的改造力度，更加重视合流制溢流污染问题。在取得一定成效的同时，也存在很多问题，如实施范围有限、控制措施单一、投资效益比不高等，一个重要原因是缺少系统性的改造思路和规划设计方案。为更科学地推进我国城市合流制排水系统改造与溢流控制工作，需要全面落实海绵城市建设、黑臭水体治理、排水防涝、污水提质增效等相关领域的要求，因地制宜编制系统化方案。系统化方案应明确城市合流制系统改造和溢流控制的目标、思路及重点任务，从建设目标、建设费用、建设条件、过渡期处理等多方面对排水系统进行综合评估，确定具体的改造原则和改造方式，统筹好轻重缓急、近远期时序安排及过渡期的衔接处理等问题，确保各项措施和方案合理衔接、规模匹配，实现方案的最优。合流制系统改造与溢流控制系统化方案工作流程与思路如图3-5所示。

系统化方案首先需对包括合流制管渠及污水处理设施在内的整个合流制系统的运行状况进行全面分析与综合评估，除部分极干旱地区外新建排水管网应采取分流制，经评估能够雨污分流的实施彻底的雨污分流改造。对于确实不具备雨污分流改造条件，规划确定保留合流制的排水片区通过采取综合措施优化和完善合流制系统的运行，进而减少合流制系统溢流频次和溢流量，同时聚焦合流制系统的其他问题，在改造的同时提高管渠雨水排放标准，修复管渠的结构性和功能性缺陷，加强养护管理，减少管道污染物沉积，促进管网系统的提质增效。对于合流制系统污水处理设施存在的短板，应最大限度利用污水处理厂现有能力并适当扩能，结合"厂－网－河一体化"实时调度与科学运营，提高污水处理厂雨季抗冲击能力及处理效能。最后通过实施补水、生态修复和内源治理等提高水体自净能力和环境容量，控制河湖旱季水位，并统筹好合流制溢流控制和排水防涝。合流制系统改造与溢流控制总体策略如图3-6所示。

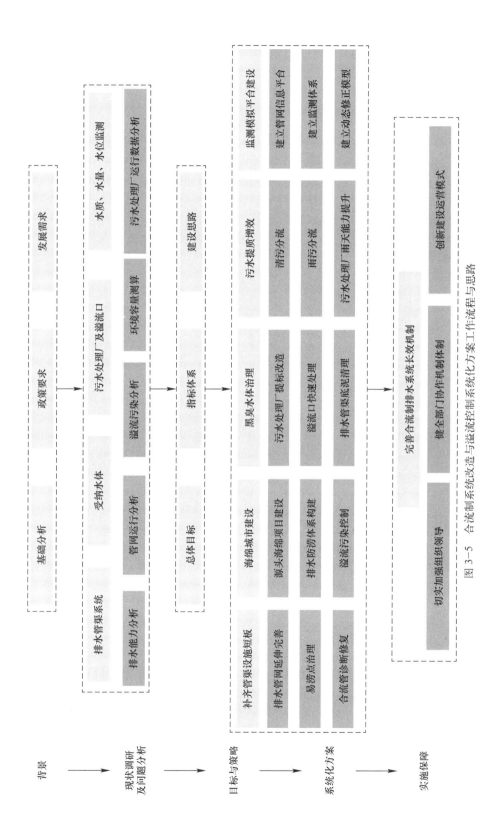

图 3-5 合流制系统改造与溢流控制系统化方案工作流程与思路

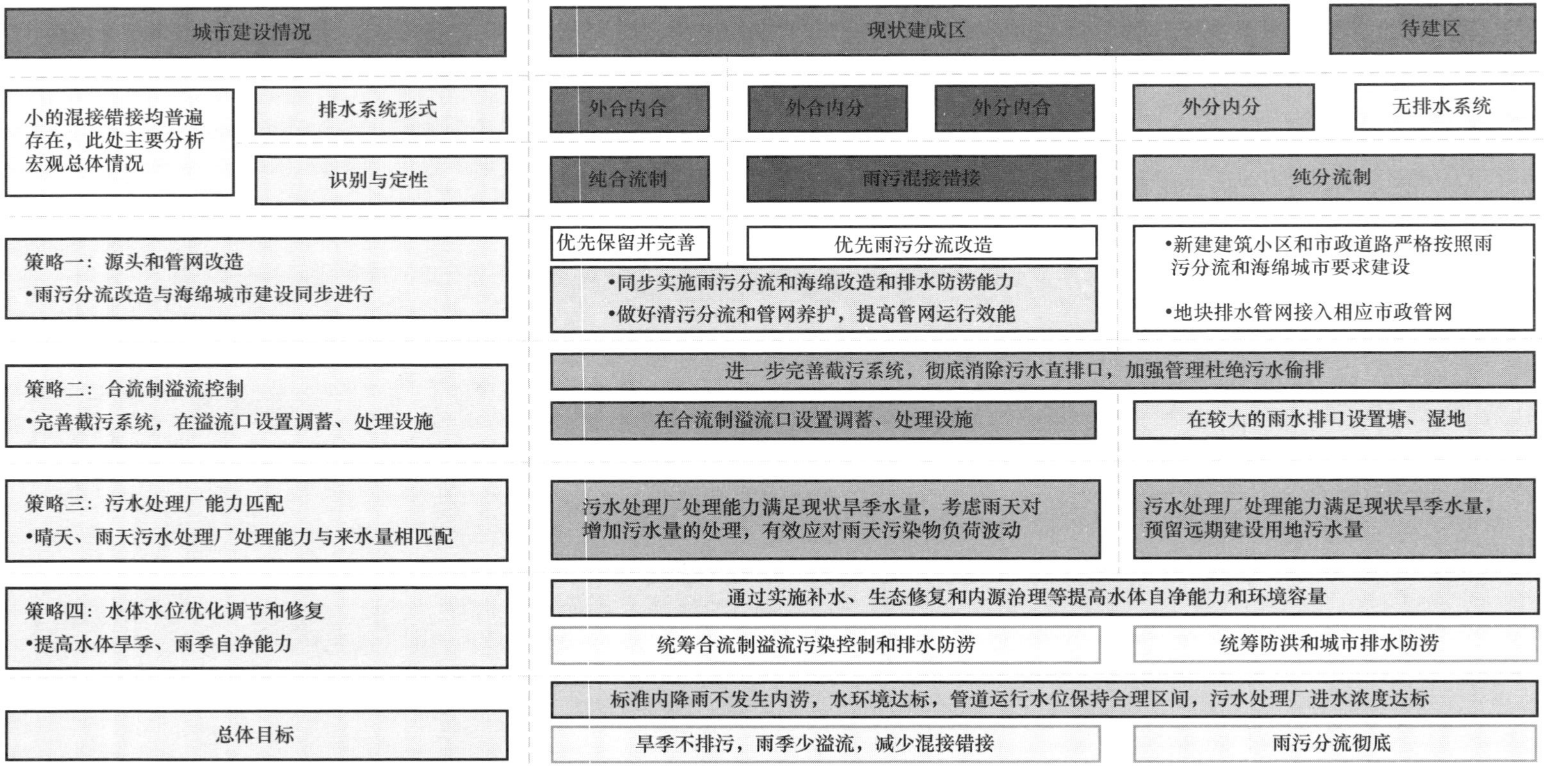
城市建设情况
现状建成区
待建区
小的混接错接均普遍存在，此处主要分析宏观总体情况
排水系统形式
外合内合
外合内分
外分内合
外分内分
无排水系统
识别与定性
纯合流制
雨污混接错接
纯分流制
策略一：源头和管网改造
•雨污分流改造与海绵城市建设同步进行
优先保留并完善
优先雨污分流改造
•同步实施雨污分流和海绵改造和排水防涝能力
•做好清污分流和管网养护，提高管网运行效能
•新建建筑小区和市政道路严格按照雨污分流和海绵城市要求建设
•地块排水管网接入相应市政管网
策略二：合流制溢流控制
•完善截污系统，在溢流口设置调蓄、处理设施
进一步完善截污系统，彻底消除污水直排口，加强管理杜绝污水偷排
在合流制溢流口设置调蓄、处理设施
在较大的雨水排口设置塘、湿地
策略三：污水处理厂能力匹配
•晴天、雨天污水处理厂处理能力与来水量相匹配
污水处理厂处理能力满足现状旱季水量，考虑雨天对增加污水量的处理，有效应对雨天污染物负荷波动
污水处理厂处理能力满足现状旱季水量，预留远期建设用地污水量
策略四：水体水位优化调节和修复
•提高水体旱季、雨季自净能力
通过实施补水、生态修复和内源治理等提高水体自净能力和环境容量
统筹合流制溢流污染控制和排水防涝
统筹防洪和城市排水防涝
总体目标
标准内降雨不发生内涝，水环境达标，管道运行水位保持合理区间，污水处理厂进水浓度达标
旱季不排污，雨季少溢流，减少混接错接
雨污分流彻底

图 3-6　合流制系统改造与溢流控制总体策略示意图

# 3.4　系统化方案编制流程与技术要点

在深入调查合流制系统及雨季溢流的基础上，结合城市排水体制、排水分区、排口类型、受纳水体要求、降雨特征等因素，制定合流制系统改造与雨季溢流控制目标，筛选技术可行、经济合理、效果明显的技术方法，确定合流制系统改造与雨季溢流控制的技术路线，预估所需的工程量和投资，预测雨季溢流控制效果，并制定管理和运行维护机制。

## 3.4.1　摸底排查，诊断分析

系统化方案的制定首先要对现状合流制系统进行全面细致的摸底排查，通过诊断分析全面掌握合流制系统建设状况及运行水平，有效识别出合流制系统存在的问题、短板、安全隐患及需要重点开展的工作，为合流制系统改造与溢流控制方案的制定，改造目标、措施选择及设施规模的确定提供重要参考和依据。

对合流制片区排水系统开展调查，首先对合流制片区管网系统进行梳理，全面掌握片区及周边相关区域市政和地块排水设施布局与规模；结合现场踏勘对片区内现有合流制排口类型及旱季出流情况进行梳理；通过管网诊断明确合流制片区及片区周边范围雨、污水管网混接错接点情况及管网运行情况；通过构建排水模型评估合流制管网排水能力。调查评估合流制片区下游污水处理厂规模、工艺、旱季/雨季污水处理情况（包括一级处理和二级处理）等。

## 3.4.2　系统施策，持续优化

结合城市排水设施、水环境质量、经济发展水平等实际情况，因地制宜制定片区合流制系统改造方案，同时对规划设计方案的实施效果进行持续的监测、评估与优化调整。系统化方案的制定应以水量、水质、水位监测和模拟数据为基础，若有条件可对整个合流制系统进行建模，若条件不允许可选取重要或典型区域建立模型。

首先对合流制片区排水分区进行优化调整，在此基础上综合采取源头径流控制、雨污分流改造、局部内涝积水点改造、合流制调蓄池建设、管道清淤修复及末端湿地建设等措施，实现消除污水直排、提升管道系统排水能力和污水收集处理效能、降低现有合流制泵站溢流频次、消除黑臭水体和易涝积水点等目标，并通过模型模拟对方案的效果和可行性进行验证。

### 3.4.3 分步实施，加强统筹

制定城市合流制改造与溢流控制中长期规划，明确设施体系建设的时间表、路线图和具体建设项目。片区合流制系统改造需全面考虑地块内部、市政管网及地块与市政管网之间的改造，在摸清现状管线分布及混接错接情况的基础上系统确定改造计划，确保各阶段、各局部改造既符合远期改造方案又能有效发挥工程效益。

在实施市政合流管改造时，沿线建筑小区宜尽可能同步改造或纳入优先改造计划，逐步进行地块雨污分流改造和现有合流管结构性缺陷修复，未能同步改造的应为地块污水纳管做好预留，在过渡期市政雨水管可仅与道路雨水口衔接。地块雨污分流改造一方面可结合老旧小区改造将雨污分流改造纳入基础类改造内容同步实施，另一方面优先选择沿河分布及外围市政管网为分流制的合流制小区进行改造，并将地块雨水接入河道或市政分流制雨水管道中。

## 3.5 系统化方案大纲建议

基于以上研究分析，提出我国《城市合流制排水系统改造与溢流控制系统化方案编制大纲》，详见附录，供相关部门及各城市参考。

城市合流制排水系统改造与溢流控制系统化方案的主要内容和要求如下：

（1）排水管网及溢流状况调查评估。调查排水系统，包括排水体制、排水分区，排口的类型、位置、高程、状态、运行调度规则、水位、流量、水质等监测数据，以及污水处理厂规模、工艺、进出水水质、日处理量、旱季/雨季污水处理情况（包括一级处理和二级处理）等；调查雨季溢流情况，包括溢流类型、溢流发生频率、持续时间、溢流水量、溢流水质等，以及受纳水体污染情况、百姓投诉情况等。

（2）制定近中远期目标指标。综合上位规划和当地管理要求、受纳水体环境容量、投入产出比等，合理确定近远期控制目标，制定技术路线。

（3）制定工程改造方案。从源头径流控制、排水管渠改造、截流、调蓄、处理、溢流口改造等方面，提出整治技术方案和优化组合措施。各类设施用地需求应反馈到国土空间规划及城镇雨、污水专项规划中，保障调蓄设施、快速净化设施等溢流控制设施的用地需求。

（4）确定整治项目和投资。按照时序列出建设项目，估算投资需求。

（5）制定运维调度方案。借助监测和数学模型等工具，提出既有污水处理厂优化运行要求，制定控制措施联合调度方案。

（6）制定保障措施。从组织、资金、日常养护等方面提出保障措施。

# 3.6　小　　结

我国合流制排水管渠数量多、建设情况复杂、运行问题突出，已成为当前制约城市水环境质量提升的关键，在系统化全域推进海绵城市建设的背景下，合流制系统改造与溢流控制成为许多城市的重点任务。梳理我国城市合流制管渠系统状况、存在问题及当前海绵城市建设、黑臭水体治理、内涝综合整治、污水提质增效工作对合流制系统的相关要求，在此基础上提出适用于我国城市合流制系统的界定与评价方法；结合当前各城市在推进相关工作过程中存在的问题，提出海绵城市建设背景下合流制系统改造与溢流控制路径，即因地制宜制定合流制改造与溢流控制系统化方案，并明确系统化方案编制流程及技术要点，为提升我国城市合流制系统改造的科学性和实施成效提供支撑。

# 第4章 合流制溢流控制技术措施及系统优化

## 4.1 合流制溢流控制系统

### 4.1.1 合流制溢流的产生和输送过程

合流制排水系统中污染物的传输过程包括雨、污水的收集、输送、截流、储存、处理、旱季沉淀、雨季溢流排放等多个环节，其运行可大致分为晴天和雨天两种情景，如图4-1所示。我国城市目前已基本实现对合流制区域旱季污水的完全截流与处理，但超过合流制管道系统截流和处理能力而溢流排放的雨污混合水（如图4-1中虚线所示）对中心城区水体造成严重污染。

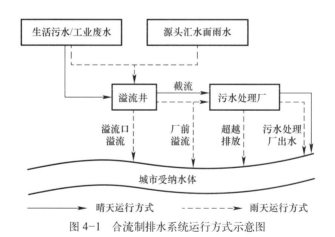

图4-1 合流制排水系统运行方式示意图

根据图4-1对整个合流制系统进行分析可知，合流制溢流主要包括3部分：超过管道截流能力在溢流井处的溢流，截流到污水处理厂但超过处理能力的厂前溢流，以及进入污水处理厂但未能完全处理的超越排放。

合流制溢流的产生、输送过程、负荷及其分配受降雨特点（降雨量、降雨强度、雨型等）、下垫面条件（地形地貌，下渗、滞蓄能力等）、管道拓扑及溢流井分布、截流能力（截流倍数）、污水处理厂处理能力及工艺配置等许多因素的综合影响。总而言之，合流制溢流水质水量变化较大、随机性强。在不同降雨条件和不同截流倍数、处理能力下，合流制溢流发生的位置和时间、合流制溢流污染物排放总量及相应的控制都会有所不同。因此，为了经济、高效地控制合流制溢流，需要科学地构建合流制溢流控制系统，包含从源头到末端的一系列子系统，并确保各子系统的合理衔接、匹配和控制方案的优化选择。

### 4.1.2 合流制溢流控制系统的构建

合流制溢流控制应着眼于整个合流制系统，以削减污染物总量为控制目标。针对合流制溢流的产生和输送过程，通过采取一系列控制措施，构建合流制溢流控制系统，如图 4-2 所示。

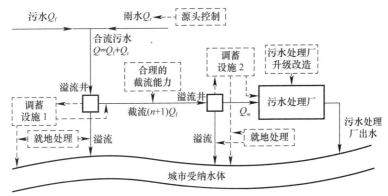

$Q_f$-旱季污水流量；$Q_r$-雨水流量；$Q$-合流污水流量；$n$-截流倍数；$Q_w$-污水厂处理量

图 4-2　合流制溢流控制系统示意图

为高效实现合流制溢流污染物总量削减的目标，应从整个系统入手：（1）采取源头控制措施，减少进入合流制系统的径流量 $Q_r$；（2）适当增加截流管截流能力并相应提高污水处理厂处理能力 $Q_w$，减少溢流井处溢流量，或根据污水处理厂规划设计能力合理确定截流倍数，减少不必要的截流干管投资和污水处理厂厂前的溢流；（3）对于超过截流管能力和污水处理厂处理能力的合流污水，在溢流井附近设置调蓄设施将其暂时储存，雨后输送到污水处理厂或就地处理后利用或排放；（4）对超过调蓄设施调蓄能力的合流污水进行就地处理后再溢流排放；（5）对污水处理厂及其处理工艺进行合理的升级改造，减少厂内超越排放和提高对雨季污水的处理效率。

通过合流制溢流控制系统的构建可知，加强源头海绵城市设施实施和源头雨污管道混接错接改造，可以减少进入合流制系统的雨水量，同时优化、提高整个系统的处理能力，从而高效率、最大限度地减少合流制溢流污染。

# 4.2 合流制溢流控制子系统及其效果分析

合流制溢流控制系统由多个子系统组成（图4-3），主要包括源头控制、合理的截流

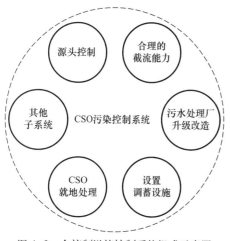

图4-3 合流制溢流控制系统组成示意图

能力、污水处理厂升级改造、设置调蓄设施和合流制溢流就地处理。此外，还有其他一些合流制溢流控制措施，如管道系统优化（实时控制，管道冲洗等）和非工程性措施（政策法规、公共教育、环境管理和街道清扫等）等，统一将其归入"其他子系统"。

## 4.2.1 源头控制

暴雨期间大量的雨水径流进入合流制管道系统从而导致合流制溢流的产生，因此从源头上减少进入合流制管道的雨水径流量成为最直接和有效的合流制溢流控制方法，近年来这一思路在发达国家受到越来越多的推崇。

针对传统合流制溢流控制措施及单一控制思路的局限和不足，一些发达国家近年来大力提倡在合流制区域广泛采取基于源头分散式雨洪控制措施来减少合流制溢流污染。暴雨期间大量的雨水径流进入合流制管道系统导致合流制溢流的产生，因此从源头上控制雨水径流成为最直接和有效的合流制溢流控制方法，为减少合流制溢流污染提供了一种新的思路。相对于传统控制措施，利用源头控制措施削减合流制溢流污染具有许多优势。

事实上，将雨水下渗和雨水利用等一些源头措施应用于合流制溢流控制最早出现在20世纪80年代后期，但是当时受空间条件、管理及费用等因素影响其应用范围有限。近年来，随着低影响开发和绿色基础设施等理念的快速发展和推广，基于源头控制措施的合流制溢流控制策略已经引起广泛重视，并且在许多城市得到应用。

源头控制措施是从源头控制城市径流流速、径流总量和径流水质的一种非常有效的

方法，在合流制区域广泛推广源头控制措施可通过改变降雨径流特征实现对合流制溢流的控制。源头控制措施增加了对雨水径流的渗透和滞蓄，从而延缓产流及流量峰值出现的时间，削减流量峰值，使管道内合流污水流量过程线变缓，有利于减少溢流和将更多合流污水截流到污水处理厂；源头控制措施的径流减排作用可以减少进入合流制管道系统的径流总量；源头控制措施对雨水径流的净化作用减少了进入合流制管道系统的污染物，有利于削减合流制溢流污染物总量，而相关研究也表明，由于雨水径流在管道系统的传输过程中发生冲刷和混合等作用，在源头控制径流污染物比管道中和管道末端控制更加高效。此外源头控制措施还可以改善城市整体环境质量、增加雨水利用、补充地下水、减少土壤侵蚀、降低建筑能耗、减轻城市热岛效应等，部分控制措施还具有费用低和土地需求少的优势。因此，基于源头控制措施的合流制溢流控制策略不仅可以有效减少合流制溢流的发生频率、溢流量及溢流污染物总量，还能够提高下游灰色基础设施运行效率、降低下游设施所需规模，同时又具有较高的环境、社会和经济效益。

如图4-4所示为合流制系统组成示意图，合流制溢流过程受到合流制排水系统水文特性的直接影响，而基于源头控制措施的合流制溢流控制策略正是通过在合流制区域采取分散式源头控制措施，以"源头控制措施-源头汇水面-子汇水区-合流制系统"的影响模式改变整个合流制区域水文条件，最终实现合流制溢流污染的削减和对受纳水体的保护。

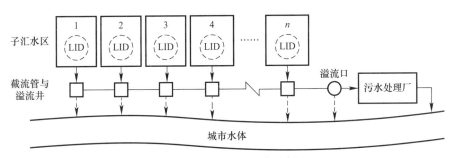

图4-4 合流制系统组成示意图

尽管在已建城区大规模地开展源头控制措施也会存在一定的难度，难以取代所有的传统灰色基础措施，但基于源头控制措施的合流制溢流控制提供了一种新的思路，并具有投资少、综合效益高的优点。

除了在源头实施低影响开发、海绵城市等雨水径流控制措施外，推进建筑小区、公共建筑等内部合流制管网雨污分流、雨污混接错接改造、缺陷管网修复等，也可以较好地削减进入市政管网的雨水径流量和污染物。对于小区和市政道路存在的雨污管道混接错接，可通过拆除或封堵现状错接管，新建对应的雨、污水管道，就近接入正确的排水管道。对于结构性缺陷导致合流制排水管网发生溢流的，应及时修复或改建，防止地下水或河水等外水入渗入流。

## 4.2.2 合理的截流能力

截流倍数是合流制溢流控制系统的一个重要参数，国家标准《室外排水设计标准》GB 50014—2021 中规定截流倍数宜采用 2～5 倍，工程实践中通常认为在这个范围内截流倍数越大则合流制溢流控制效果越好。事实上，适当提高截流倍数的确可以将更多的雨天合流污水截流到污水处理厂，减少溢流口的溢流量，但是当截流能力超过下游污水处理厂处理能力时，大量截流的合流污水会从污水处理厂前直接溢流进入受纳水体，既污染环境也造成投资效益的下降。如我国部分城市合流制系统下游截流干管的截流倍数均达到 3 倍以上，但污水处理厂处理能力和工艺难以与之匹配，暴雨期间发生大量的厂外溢流现象。若合流制片区末端污水处理厂旱季已满负荷运行，雨季无额外的处理能力，且处理系统的处理能力无法提升，则即便提升截流系统的截流能力，增加的雨、污水仍无法进入污水处理厂进行处理，且建设的溢流调蓄设施也无法将调蓄的雨、污水及时回送至污水处理厂进行处理，严重影响合流制溢流控制系统的整体效率。

合流制排水系统末端处理系统的处理能力是决定截流后的合流雨、污水是否实现"有效截流"的主要依据。由于污水处理厂的一级处理能力往往高于二级处理能力，借鉴美国等发达国家的做法，超过污水处理厂二级处理能力的雨、污水也可经一级处理后，与二级处理出水混合消毒后排放。例如，美国华盛顿州西雅图市合流制片区的西点污水处理厂（West Point Wastewater Treatment Plant），其服务范围约 120km²，服务人口约 120 万人，旱季平均处理量约 34 万 m³/d，雨季平均处理量约 50 万 m³/d，二级处理单元的最大处理量约 113 万 m³/d，一级处理单元暴雨时峰值处理量约 166 万 m³/d。对应二级处理能力可实现的截流倍数为 2，对应一级处理能力可实现的截流倍数为 4。

一些发达国家和城市并未采用很大的截流倍数，例如德国合流制排水系统截流倍数通常采用 2～3（污水处理厂一般按 2 倍的旱季流量），巴黎市为 2～3，大阪市一般为 2，首尔市清溪川修复工程中截流倍数也采用 2。调研部分发达国家在合流制排水系统设计中对截流倍数的要求（见表4-1），可以看出，与处理系统处理能力对应的截流倍数基本为2～3。

部分发达国家合流制排水系统截流倍数汇总表　　　　　　表4-1

| 国家 | 合流制系统占比（%） | 处理系统处理能力对应的截流倍数 | 综合控制措施对应的截流倍数（截流标准） |
|---|---|---|---|
| 奥地利 | 75～80 | 2 | |
| 比利时 | 70 | 3～5 | 5～10 |
| 丹麦 | 45～50 | 2 | 5 |
| 芬兰 | 10～15 | 2 | 6～7 |
| 法国 | 75～80 | 2 | 3 |
| 德国 | 67 | 2 | — |
| 希腊 | 20 | 2 | 3～6 |
| 爱尔兰 | 70 | 3 | 6～9 |
| 意大利 | 60～70 | 2 | 5 |
| 卢森堡 | 80～90 | 2～3 | |
| 荷兰 | 74 | 3 | 5 |
| 葡萄牙 | 40～50 | 2 | 6 |
| 西班牙 | 90～95 | 2 | 5 |
| 瑞典 | 25～40 | 3～4 | 5～20 |
| 英国 | 70 | 3 | 6～9 |

一方面，截流管道通常是将污水远距离输送到污水处理厂，较大的截流倍数意味着更大的管道尺寸和更高的土建投资；另一方面截流管截流能力应与下游污水处理厂处理能力和工艺相匹配，较大截流倍数需要考虑建设较大处理能力的污水处理厂及适应的工艺流程。根据国内外经验和我国污水处理厂现状，在不考虑其他因素的前提下，合流制的截流倍数不宜过大。如果受城区空间等条件限制，希望通过采用更大截流倍数将雨、污水输送到城外或污水处理厂附近进行调蓄，则须通过技术经济分析，确定合理方案。

### 4.2.3 合理设计调蓄设施

由于现状截污干管已基本建成，通过增大截污干管提高截流倍数的方式存在较大难度和投资。调蓄隧道的建设虽然对地面影响较小，但需要占用较大的地下空间，并且地下盾构施工建设和运行维护费用非常高，不适合小城市推广应用。

为了进一步削减溢流污染物总量，通常需要在合流制系统中设置调蓄设施，对暴雨期间超过截流管截流能力和污水处理厂处理能力的合流污水进行暂时储存，待雨后输送到污水处理厂进行处理，或者就地处理后回用或排入水体。合流制调蓄池是合流制溢流控制中一种广泛采用的关键技术，近30年来已在美国、德国、日本等发达国家广泛应用，国内许多城市也逐步开展了相关研究与实践。合流制调蓄池的工作原理为：在降雨初期，小流量的雨、污水进入污水处理厂，当雨水流量增大时部分雨污混合水溢流进入调蓄池，被贮存的这部分流量在管道排水能力恢复后返回污水处理厂或就地处理，这样既可以减小对污水处理厂的雨季冲击负荷，又可避免含有大量污染物的溢流雨水直接污染水体。因此合流制调蓄池的主要作用是收集部分溢流的混合污水，提高合流制系统截流倍数，减少暴雨期间合流制管道的溢流量，从而减少对水体的污染。

调蓄设施设置的位置不同，作用原理和规模确定方法也有所不同。例如，合流管溢流井处设置的调蓄池（图4-2中调蓄设施1）针对的是超过截流能力的溢流污水，调蓄规模应根据当地降雨特征、管道截流能力、汇水面积、合流制溢流水质水量输送规律、总量控制目标、场地空间条件和投资等条件确定。而在污水处理厂设置调蓄池（图4-2中调蓄设施2）是为了与污水处理厂形成联动，针对的是截流管道中超过污水处理厂处理能力的合流污水，调蓄规模主要由截流量和污水处理厂处理能力确定。

合流制溢流调蓄控制技术虽然较成熟，实施、见效较快，但需要占用较大的地下空间，建设和运行维护费用非常高，加上降雨特点、汇水面及管道系统水力与沉积物条件、设置位置和规模等许多因素的影响，以及管道系统合流制溢流的初期冲刷效应常常不明显甚至不存在，合流制溢流调蓄池的合理规模是设计的关键，否则将难以保证控制效果和投资的合理性。受降雨特点、合流制溢流冲刷规律等因素的影响和规模的限制，调蓄池的控制量有限，若要提高控制效率，就需要较大幅度增大调蓄规模和土建投资，这也是要重视包括源头控制等系统控制的原因。

## 4.2.4 污水处理厂升级改造

确保对截流的合流污水进行处理对于合流制溢流污染物总量削减具有重要意义。通常情况下，污水处理厂可以将旱季污水处理达标后排放，但是一旦进入雨季，雨污混合水经下游截流管道输送到污水处理厂，受污水处理厂调蓄能力和处理能力限制，超负荷雨污混合水直接超越排入河道；同时由于合流污水浓度变化导致污水处理厂活性污泥难以适应，影响出水效果和污水处理厂的正常运行，这些都限制了合流制排水系统整体的污染物削减率，导致降雨期间受纳水体遭受严重污染。因此，对于合流制区域污水处理厂，应建设专门雨天径流处理设施或改进现有处理工艺、利用现有处理设施提升污水处理厂雨天处理能力。

除扩建、新建污水处理设施外，目前常用的提高污水处理厂雨天处理能力的方法主要有以下几种：

（1）充分利用污水处理厂现有设施，优化运行工况，尽可能提高雨天时污水处理能力。如日本大阪市经过试验研究，对污水处理厂进行升级改造，推广应用基于"吸附－再生"原理的3W技术处理雨天增加的合流污水（图4-5），实际运行结果显示，与仅采用初沉池处理雨天增加的合流污水的工艺相比，3W技术处理后的出水中SS和BOD浓度平均降低73%和61%，出水水质明显改善。

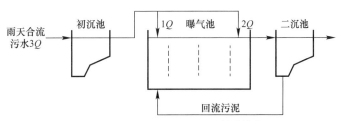

图4-5　大阪污水处理厂3W技术流程

（2）在处理厂修建调蓄池储存高峰流量是一种应用广泛的措施。如英国南方水务公司规定污水处理厂最大处理流量应为3倍旱流污水量（旱季生活污水和工业废水流量之和）加上最大地下水入渗量；同时污水处理厂按合流制服务人口68L/人和2h峰值调蓄的标准设置厂内调蓄池，与最大处理流量共同实现合流制排水系统6.5～8倍旱流污水量的雨天处理能力，大大降低了合流制排水系统溢流频次和溢流污染量。

（3）强化沉淀也是一种常用提高污水处理厂雨天处理能力的方法，有研究表明，高效沉淀池对合流污水中SS的去除率可达到70%左右。物理－化学处理工艺在欧美污水处理厂处理雨季合流制峰值流量中得到广泛应用并有多年成熟经验，近些年我国个别城市如上海、昆明也开始采用化学强化一级处理工艺处理合流制混合污水的实践，生产性试验表明，在优化药剂选型配比及工艺高效运行情况下，化学一级强化处理效率可达到"COD为50%～86%、$BOD_5$为50%～70%、SS为60%～90%、TP为70%～90%"，但对TN、$NH_3$-N去除极其有限。通常做法是旱季流量全部经过生化二级处理工艺，雨季峰值流量则通过与二级生物处理段并行的辅助处理设施进行处理以去除污水中的 SS 和一部分 BOD₅，主要的处理工艺有传统化学一级强化处理（CEPT）、高效澄清池等，近些年一些专有工艺如高效沉淀池 HRC（威立雅 Actiflo®、苏伊士 DensaDeg®）、Aqua-Aerobic Systems 公司高速滤池（AquaPrime™）、磁混凝沉淀（CoMag®）以及压缩球过滤（CMF Media）。由于单独建设化学一级强化或者峰值流量过滤单元，导致投资过大和旱季设备闲置问题，因此，设计中可以考虑这些设施实现旱季雨季"双重应用模式"，旱季用于三级深度处理，雨季用于峰值流量处理，分别可以用于改善出水水质或改进能耗，运行灵活。

目前我国尚未在法律法规方面出台对雨季峰值流量进行处理的要求和规定，美国联邦法规、美国环境保护局历年出台的合流制溢流控制策略中对污水处理厂雨季峰值流量的处理均有明确定义和约定原则。为了鼓励污水处理厂雨季多处理峰值流量，美国环境保护局 1994 年出台的合流制溢流控制政策中明确提出了"Nine minimum control"（九项基本控制措施），提出要发挥污水处理厂存量设施的最大化处理能力，对雨季超量混合污水或峰值流量进行处理，要求对合流制管网雨季收集到的 85% 的流量进行处理。

### 4.2.5　合流制溢流就地处理

合流制溢流污水中含有多种病原微生物、氮磷营养物及有毒有害物质，如未经有效处理直接排放水体，将严重破坏水环境功能并危害人体健康。对溢流污水进行及时处理，在短时间内最大限度地削减污染物，是一种较为经济实用的方法，处理技术用于减少排入水体的污染物负荷量，去除的物质包括可沉淀固体、漂浮物、细菌等。对合流污水进行及时的就地快速净化处理，在短时间内最大限度地去除可沉淀固体、漂浮物、细菌等污染物，是一种较为经济实用且效果明显的方法。合流制溢流就地处理设施主要有格栅、旋流分离器、沉淀池、消毒池，除此之外还有高速滤池及湿地系统等。

近年来我国在黑臭水体治理和污水提质增效等方面出台了一系列重要政策文件和规划，其中对合流制溢流污水快速净化设施建设提出了一些明确要求。2022 年 3 月住房城乡建设部等部门联合印发《深入打好城市黑臭水体治理攻坚战实施方案》，强调要"加强汛期污染强度管控；采取增设调蓄设施、快速净化设施等措施，降低合流制管网雨季溢流污染，减少雨季污染物入河湖量；严控违法排放、通过雨水管网直排入河"。2021 年 6 月国家发展改革委等部门印发《"十四五"城镇污水处理及资源化利用发展规划》,"合流制溢流控制"和"合流制溢流污水净化设施的建设"被作为未来污水处理补短板、强弱项的重要内容,在强化城镇污水处理设施弱项,提升处理能力方面,规划提出长江流域及以南地区分类施策降低合流制管网溢流污染,因地制宜推进合流制溢流污水快速净化设施建设。

合流制溢流污水快速净化设施主要是指在入河溢流口建设的物理沉淀、化学混凝沉淀、旋转分离等工艺设施。这些措施通常具有抗冲击能力强、占地面积小、启动快速简便等特点,可以有效快速去除雨污混合水中的颗粒物,协同去除有机物等污染物,是现阶段雨季污水处理能力限制下的一种溢流控制折中且相对有效的手段。

合流制溢流就地处理设施的布置主要受到城区场地条件的限制,因而需要结合场地空间条件等选择适宜的技术和装置。旋流分离是发达国家广泛采用的一种合流制溢流就地处理装置,经过处理的合流污水水质明显改善,SS、COD 去除率可分别达到 36%~90% 和 15%~80%。由于合流制溢流水量波动幅度很大,对旋流分离效果会产生明显影响,进而影响合流制溢流污染物总量控制效率。湿地和土壤过滤技术在德国被广泛应用于合流制溢流处理,通过人工湿地中土壤和植物的滞留、过滤、吸附和生物降解作用,有效地控制合流制溢流中的污染物,对 COD 和 SS 去除率通常可以达到 70%~90%,但在中心城区受用地条件的限制。此外,在溢流口附近设置简易的格栅截污、消毒等设施可有效去除较大的漂浮物和细菌等污染物,投资和占地面积都较小,实施也相对容易,如德国开发应用的多种水力自动清渣或液压机械清渣格栅装置。几种常见的溢流口截污处理设施如图 4-6 所示。

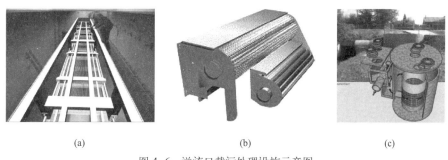

(a)　　　　　　　　　　(b)　　　　　　　　　(c)

图 4-6　溢流口截污处理设施示意图
(a) 平板细格栅;(b) 水力滚刷;(c) 水力旋流分离井

如图 4-7 所示为北京市龙潭湖公园排河口水力滚刷应用实例图。

图 4-7　北京市龙潭湖公园排河口水力滚刷应用实例图

### 4.2.6　管道系统实时控制等其他子系统

除上述 5 个子系统外，实时控制、管道冲洗及非工程性措施等对提高合流制溢流控制效率、降低投资也非常重要。

实时控制是在现有设施的基础上优化排水系统运行，提高系统性能的一种有效手段，可通过充分利用排水系统的存贮能力来减少合流制溢流污染，国外已经进行了许多研究和实践，并取得了较好的控制效果。例如德国应用较多的流量调节闸，可充分利用管道的调蓄容量，减少溢流；奥地利维也纳市利用雷达、在线监测仪器、管道系统模型等对降雨量、管道水位、流量等进行实时测量和预测，并通过控制软件对这些信息进行综合分析，调节和优化水泵、闸阀、堰板等装置的运行，充分利用管道中的可用容积来减少合流制溢流。维也纳市排水管网实时控制系统已成功运行十多年，年溢流量削减率约33%，与建设调蓄池的方案相比节省资金约 0.77 亿欧元。

采用适宜的管道冲洗技术，在旱季时对合流制管道进行周期性的冲洗，将管道内沉积物输送到污水处理厂处理，不仅可以有效改善雨季溢流污水水质、减少合流制溢流污染物排放，还可以提高旱季污水的浓度、挖掘管道的排水能力，并且技术简单、节省占地面积和投资，在德国已有很成熟的技术、装置和大量的工程应用，效果显著。针对我国城市管道严重的沉积物现象，管道冲洗技术具有重要意义，目前在我国北京等城市得到应用。

非工程性措施在合流制溢流控制中同样具有举足轻重的作用，是合流制溢流控制工作有效推行和实施的保障，发达国家对此非常重视。非工程性措施包括完善排水管网建设管理体制和机制，建立合流制排水系统常态化长效运维机制，建立排水管网专业化运行维护队伍，加强道路保洁清扫，开展公众教育，构建以污染物收集处理效能为导向的管网运行维护绩效考核体系和付费体系等。

# 4.3 合流制溢流控制系统优化

掌握合流制溢流系统控制原理、科学地制定控制方案，是有效开展合流制溢流控制及实现控制目标的关键。

## 4.3.1 合流制溢流控制技术选择原则

城市合流制溢流控制技术的选择应遵循适用性、综合性、经济性、协同性和安全性等原则。

（1）适用性：排水体制、降雨特征及水体的环境容量将直接影响雨季溢流控制的技术路线和工程量，需要根据排水系统特征、水环境容量和整治阶段目标的不同，有针对性地选择适用的技术方法及组合。

（2）综合性：合流制系统溢流控制技术选择可采用源头减量、截流调蓄、快速净化、厂网调度等措施，制定雨季溢流控制总体方案时，应因地制宜选用一种或多种技术组合措施，多措并举、多管齐下，达到雨季溢流控制的系统最优。

（3）经济性：对拟选择的整治方案和技术措施进行技术经济比选，确保与城市经济社会发展水平相适应，具有技术可行性和合理性。

（4）协同性：合流制系统溢流主要发生在降雨期间，具有明显的季节性特点，因此整治方案既要满足雨季控制溢流的目标，也要满足旱季污水系统稳定高效运行的需求。

（5）安全性：合理确定快速净化设施的工艺流程，保障净化出水满足地方排放标准要求；人工湿地等绿色设施应做好预处理，避免雨季溢流对湿地水环境和生态造成不利影响和二次污染。

### 4.3.2　子系统的合理衔接与匹配

如果在合流制区域广泛采取源头控制措施，将减少进入合流制管道的雨水径流量和流量峰值，可显著减少后续调蓄池规模和对污水处理厂雨季处理能力的需求，或者可提高已有后续设施的控制效率。

合流制溢流控制子系统之间具有密切的联系和一定的内在规律，用图4-8来表示其衔接和匹配关系。首先，源头控制措施的实施可以减少下游设施所需要的规模，或者提高下游设施的运行效率。其次，合流制系统截流能力、调蓄设施规模、污水处理厂处理能力三者之间相互制约与影响：超过截流能力的合流污水，可通过调蓄设施储存或进行就地处理；截流能力须与下游污水处理厂的处理能力相匹配，或通过调蓄设施使其协调。再次，合流制溢流就地处理的规模和效果也受源头控制措施、截流量、调蓄量和溢流量的综合影响。

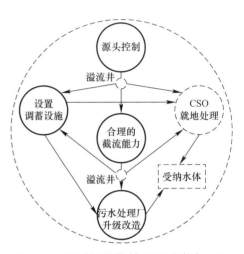

图4-8　合流制溢流控制子系统衔接与匹配
关系示意图

显然，在制定合流制溢流控制方案时，必须认真分析各城市现有合流制系统条件及运行状况，科学地建立合流制溢流控制系统及子系统的衔接匹配关系，通过技术经济分析进行方案优化，才能高效率实现合流制溢流污染物总量控制的最大化。各城市可因地制宜地开展如下工作：

（1）在合流制区域广泛推广绿色屋面、雨水收集利用、透水铺装、下凹式绿地、树池、雨水花园等容易实施的一些分散式雨水控制利用措施，推进建筑小区、公共建筑等内部合流制系统雨污分流、雨污混接错接改造、缺陷管网修复等，从源头有效削减进入合流制管道系统的雨水径流量。

（2）我国许多城市都在开展截污工程、污水处理厂的建设及升级改造，各城市应以此为契机，及时规划、设计和建设相应设施，合理确定截流倍数、污水处理厂处理能力和适宜工艺，保证污水处理厂雨天对截流污水的有效处理。避免今后不必要的重复改造和扩建造成的投资浪费和不良社会影响。

（3）结合各城市降雨特点、截流能力、总量削减目标、空间条件等合理设置调蓄设施；并研究调蓄设施规模、布局、运行方式，以及合流制溢流水质水量变化规律对控制效果的影响，提高调蓄设施的控制效率。

（4）合流制溢流就地处理在我国的应用相对较少，相关技术及政策法规配套也比较落后。应加大研发适用于城区的空间需求小、效率高的合流制溢流就地处理及实时控制等技术，并完善合流制污水快速净化处理相关政策、法规机制，确保快速净化处理设施出水水质满足特定污染物的去除需求、污染物总量削减需求，以及当地环境管理部门的监管要求。

### 4.3.3　控制方案的优化选择

合流制溢流控制方案的制定可遵循以下几点重要原则：

（1）在全面普查和充分掌握排水系统条件的基础上，优先考虑在现有设施的基础上完善合流制系统，采取相应的合流制溢流控制措施来削减合流制溢流污染，避免盲目、简单采取"合改分"措施。

（2）广泛推广雨水渗蓄和收集利用等源头绿色控制措施，加快推进管网混接错接改造、外水排查整治等工程，实施清污分流，全面提升现有设施效能。

（3）尽可能在管道内、溢流口就近设计调蓄池或采取就地处理措施和实时控制技术。

（4）合理截流并配套处理，减少或避免通过截流干管长距离输送到下游污水处理厂的溢流排放。

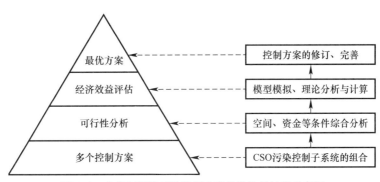

图4-9　合流制溢流系统控制方案优化选择过程示意图

方案的优化选择可参考如图4-9所示步骤：

（1）由于每个子系统包含多种不同的控制技术和措施，因此可根据城市降雨特点和原有合流制系统状况等条件，选择适宜的技术措施组合及子系统，提出多个控制方案。

（2）各种控制措施的选择、实施及规模确定都会受到城市发展状况、基础设施和空间条件、资金状况、施工难度等的限制，因而需要对控制方案进行可行性分析，淘汰实施难度大或不具备实施条件的控制方案。

（3）通过模型模拟、理论分析与计算等方法，对各可行方案的工程费用和控制效果等进行综合分析与评估，寻求最为经济高效的控制方案。

（4）对控制方案进行修订和完善，确定最优方案。

## 4.4  小    结

合流制溢流控制应从全局考虑，进行系统性决策，在保证排水防涝安全的前提下，最大限度削减排入受纳水体的污染物总量。各城市在制定合流制溢流控制方案时应结合合流制排水系统实际情况科学地构建合流制溢流控制系统，避免盲目采取片面的控制思路和单一的控制措施。

合流制溢流控制方案应充分考虑各子系统的合理衔接与匹配，并通过可行性分析、技术经济和效益评估，以及方案比选，确定优化方案，高效率达到污染负荷削减目标，实现城市水体水质的提升。

# 第5章 合流制溢流与分流制雨水径流监测

近年来我国大力推进水环境综合治理和城市黑臭水体整治等工作，城市排水系统旱季污水直排现象及其导致的水体污染问题基本得到遏制，城市水体旱季水质普遍有所改善，但汛期降雨所产生的雨水径流携带大量污染物排入城市水体，对水环境造成较大污染。根据生态环境部全国地表水水质月报数据，2021年国家地表水考核断面（简称国考断面）、主要江河断面汛期水质优良（Ⅰ～Ⅲ类）断面比例显著低于非汛期（图5-1），总体而言城乡面源污染正在上升为制约水环境持续改善的主要矛盾。2022年4月住房城乡建设部等部委联合发布《深入打好城市黑臭水体治理攻坚战实施方案》，提出到2025年县级城市建成区要基本消除黑臭水体，并强调要加强汛期污染强度管控，降低合流制管网雨季溢流污染，减少雨季污染物入河湖量。加强汛期城市合流制溢流与雨水径流污染控制，对全面消除黑臭水体，保证城市水环境的长治久清具有重要作用。

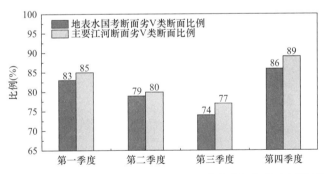

图 5-1 全国地表水国考断面、主要江河断面汛期与非汛期断面水质比例对比

开展城市合流制溢流与雨水径流监测，定量评估合流制溢流与雨水径流污染水平，分析污染规律及影响因素，可为科学制定水环境治理方案提供重要依据。

# 5.1 典型合流制片区合流制溢流监测

近年来，雨水径流的初期冲刷成为一个关键和热点研究问题，在城市非点源污染控制中具有重要意义。如果存在明显的初期冲刷，可以通过控制少量初期径流实现较大的污染物控制量，从而提高控制效率；如果初期冲刷不存在或不明显，则基于初期雨水控制原理的截流、弃流等装置的效率会大打折扣，需要设计更大规模的存贮调蓄等设施。

研究合流制溢流污染物冲刷输送规律对合流制溢流控制措施的选择，规模设计、运行方式的确定，以及控制效果、投资效益等具有十分重要的意义。但是，与源头汇水面径流和雨水管道径流相比，合流制溢流的产生和输送过程更为复杂，受降雨条件、管道系统特征、管道沉积物、截流设施等因素的综合影响，从降雨、产流、汇流、输送、截流一直到溢流排放的整个过程都具有极大的随机性和不确定性，因而要确切回答合流制溢流初期冲刷是否存在并精确掌握其规律具有一定难度，不同学者对其判断及研究结果也存在许多争议与困惑，难以科学有效指导合流制溢流控制实践。因此，有必要对合流制溢流污染物输送冲刷规律进行深入、系统的分析，揭示合流制溢流初期冲刷的影响因素、一般规律及因果关系，并依此来科学地制定合流制溢流控制策略。

## 5.1.1 监测研究区域

作者近年来对北京市通惠河沿岸某合流制溢流口进行了连续监测，共获取 5 场完整的溢流监测数据，取样点位置如图 5-2 所示。该合流制系统位于北京市东部金融核心区，具有典型商业居住混合区特征，区域内有常见类型下垫面如道路、停车场、瓦屋面、沥青屋面、广场、公园和开放空间等。该合流制系统区域内旱季污水全部截流到下游污水处理厂处理，暴雨期间有部分合流污水溢流进入通惠河。

监测研究合流制区域基本信息如表 5-1 所示。

## 5.1.2 监测指标与分析方法

合流制溢流监测指标主要包括 COD、SS 等常规污染物指标，溢流开始后，按不同时间间隔进行取样，并同步监测溢流流量，溢流结束后将水样带回实验室进行污染物浓度测定。

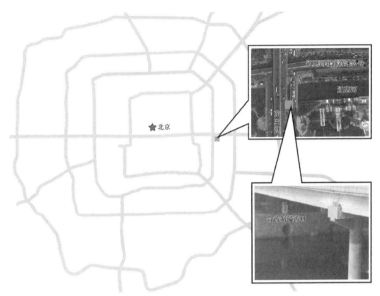

图 5-2　合流制溢流取样点位置

**合流制区域基本信息表**　表 5-1

| 项目 | 内容 |
|---|---|
| 汇水面积 | 25hm$^2$ |
| 综合径流系数 | 0.54 |
| 合流制干管管径 | 1500mm |
| 管道类型 | 钢筋混凝土管 |

降雨数据取自研究区附近某泵站安装的室外翻斗式雨量计。

监测研究主要对合流制溢流水质水量变化过程及初期冲刷效应进行分析。目前常用的初期冲刷判定方法有 3 种，除前文所述的 $M(V)$ 曲线计算方法外，还有 Ma 等人和 Krajewski 等人提出的 2 种方法：

为了进一步量化分析初期冲刷，Ma 等人提出了"质量初期冲刷比例"（Mass First Flush Ratio）概念，用 MFF 表示某一时刻污染物质量累积比例与径流体积累积比例的比值。例如，MFF$_{30}$=2 表示前 30% 的径流量携带了 60% 的污染物量，MFF 越大则初期冲刷越明显。

Krajewski 等人提出将污染物质量累积排放率和径流量累积排放率用幂函数拟合得到曲线 $Y=X^b$，参数 $b$ 可反映拟合曲线与对角线的偏差：$b$=1 表示均匀冲刷，当 $b$ 小于 1 时表明存在初期冲刷并且 $b$ 值越小初期冲刷越明显。他们还根据 $b$ 值的不同将 $M(V)$ 曲线图划分为 6 个区域，分别表示初期冲刷和"后期冲刷"的强弱程度。

一些学者提出了比较明确的界定初期冲刷的量化标准，如 Saget 等人提出的 30/80（前 30% 的径流量携带 80% 的污染物量，下同）标准和 Deletic 等人提出的 20/40 标准，但是许多研究表明能达到这两种程度的事件很少出现。车伍等人指出，关键是要掌握影响初期冲刷的主要因素，把握其实质，并鉴于初期冲刷规律的随机性和复杂性，讨论初期冲刷宜按量化关系相对而论，并应该区分小汇水面源头冲刷和管道冲刷两种典型的不同条件，以避免片面、绝对、混淆及不必要的争论和困惑。

# 5.2 合流制溢流污染物排放规律及控制策略

## 5.2.1 合流制溢流初期冲刷结果分析

### 1. 合流制溢流水质水量过程分析

以 2011 年 7 月 24 日和 8 月 14 日两次溢流事件为例，分析合流制溢流水质水量变化过程，如表 5-2 所示为两次取样过程相关信息记录，如图 5-3 所示为取样过程现场照片。

(a)

(b)

(c)

(d)

图 5-3 取样过程现场照片

（a）溢流口（溢流开始前拍摄）；（b）溢流井内部（溢流过程中拍摄）；

（c）溢流口（溢流过程中拍摄）；（d）溢流口（溢流结束后拍摄）

两次合流制溢流事件监测过程记录　　　　　　　　　　　　表 5-2

| 事件 | 2011 年 7 月 24 日溢流事件 | 2011 年 8 月 14 日溢流事件 |
| --- | --- | --- |
| 开始降雨时间 | 18：44 | 21：40 |
| 开始溢流时间 | 19：31 | 22：01 |
| 降雨量 | 52.5mm | 16mm |
| 从降雨到溢流的时间间隔 | 47min | 21min |
| 溢流时间段 | 19：31—21：11 | 22：01—22：36 |
| 溢流持续时间（历时） | 100min | 35min |

如图 5-4 所示为 2011 年 7 月 24 日溢流事件的溢流水质水量变化过程。

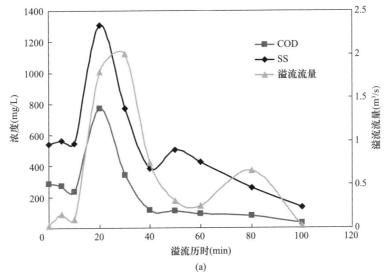

(a)

(b)

图 5-4　2011 年 7 月 24 日溢流事件水质水量变化过程

（a）溢流水质变化过程曲线；（b）溢流水质变化过程照片

如图 5-5 所示为 2011 年 8 月 14 日溢流事件中溢流水质水量变化过程。

## 2. 合流制溢流初期冲刷量化分析

如图 5-6 所示为根据 5 次溢流事件监测结果绘制的 $M$（$V$）曲线，可以看出，不同降雨场次、不同污染物指标的曲线形状差异比较明显。

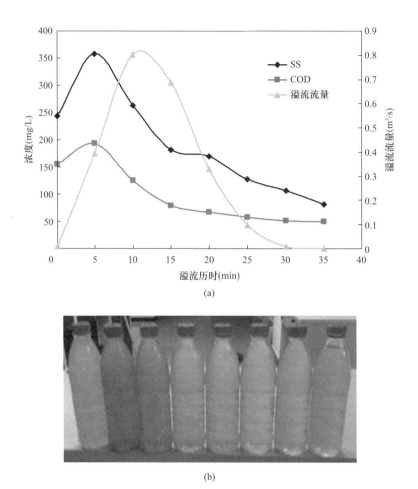

(a)

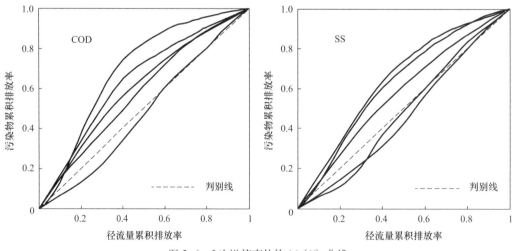

(b)

图 5-5　2011 年 8 月 14 日溢流事件水质水量变化过程

（a）溢流水质变化过程曲线；（b）溢流水质变化过程照片

图 5-6　5 次溢流事件的 $M$（$V$）曲线

为了定量描述这5次溢流事件的初期冲刷程度，分别用MFF法和拟合幂函数法进行计算，如图5-7和表5-3所示。5次溢流事件中COD和SS的初期冲刷均没有达到20/40或30/80的标准；COD和SS的$MFF_{20}$、$MFF_{30}$平均值分别为1.42、1.43和1.17、1.20，整体而言表现出微弱的初期冲刷。拟合幂函数曲线的相关系数$R^2$均达到0.95以上，其中Storm2（即第2场降雨）的SS初期冲刷最明显，$b$值为0.43；按照Krajewski等人提出的划分标准，所有溢流事件的初期冲刷程度均属于中等（$0.185 < b < 0.862$）和微弱（$0.362 < b < 1$）；而Storm5的SS及Storm4的COD和SS均不存在初期冲刷。

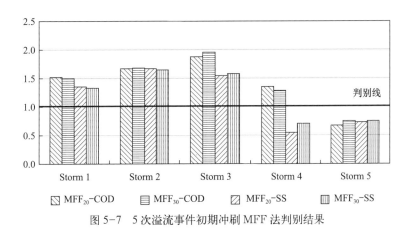

图5-7　5次溢流事件初期冲刷MFF法判别结果

**5次溢流事件的拟合幂函数$b$值**　　　　表5-3

| 项目 | COD | | SS | |
|---|---|---|---|---|
| | $b$ | 相关系数$R^2$ | $b$ | 相关系数$R^2$ |
| Storm1 | 0.685 | 0.9958 | 0.760 | 0.9972 |
| Storm2 | 0.471 | 0.9995 | 0.430 | 0.9938 |
| Storm3 | 0.557 | 0.9523 | 0.658 | 0.9817 |
| Storm4 | 0.746 | 0.9929 | 1.098 | 0.9895 |
| Storm5 | 1.115 | 0.9949 | 1.177 | 0.9967 |
| 最大值 | 1.115 | 0.9995 | 1.177 | 0.9972 |
| 最小值 | 0.471 | 0.9523 | 0.430 | 0.9817 |
| 平均值 | 0.801 | 0.9784 | 0.908 | 0.9893 |

虽然实测数据有限，但根据实测数据并结合研究分析仍可得出，受多种因素的综合影响，每场溢流事件的初期冲刷程度有较大差异，部分合流制溢流事件的部分污染物指标表现出较明显的初期冲刷，但整体而言本研究区域中合流制溢流初期冲刷不明显。

### 3. 国内外对合流制溢流初期冲刷的研究

许多学者对合流制溢流过程进行了监测与研究，其中一些监测到了比较明显的初期冲刷。例如，Kim 等人对韩国大田广域市某合流制系统的研究，发现在溢流过程中前 30% 的溢流体积排放了超过 60% 的污染物。Barco 等人对意大利某合流制区域 23 场降雨事件进行了监测，并对其中具有代表性的降雨事件的初期冲刷进行了分析，结果显示该区域 8 场降雨中的 7 种污染物指标都表现出很强的初期冲刷，平均前 20% 的径流体积包含 40% 的污染物。李立青等人在武汉某合流制区域监测了 12 场合流制溢流事件，平均前 30% 的溢流体积包含 53.4% 的 COD。

然而，更多学者的监测结果却显示合流制溢流初期冲刷不明显或不存在。Saget 和 Bertrand 等人研究发现，初期冲刷在合流制系统中出现较少，在对合流制系统的监测中，50% 的降雨事件里初期 79% 的体积输送了 80% 的总污染质量。Sztruhar 等人对斯洛伐克的合流制系统进行了 3 年的研究，并对 8 次溢流事件进行了分析，8 次合流制溢流中有机物都不存在初期冲刷。Suarez 等人对西班牙的 5 个不同城市的合流制区域进行了监测分析，每个汇水区域都存在轻微的初期冲刷，但从定量的角度分析，拟合幂函数所得参数 $b$ 的均值仅为 0.76。Scherrenberg 指出，在荷兰合流制溢流的监测中初期冲刷不经常存在，甚至污染物的高负荷有时出现在溢流后期，即存在"后期冲刷"。Hochedlinger 等人对奥地利某合流制溢流口进行了 3 个月的取样，并对 24 次溢流事件绘制了 $M(V)$ 曲线，个别溢流事件存在初期冲刷现象，但整体而言不明显，并且有部分溢流事件表现为"后期冲刷"。谭琼等人采用 $M(V)$ 曲线和拟合幂函数 $b$ 参数方法对上海市苏州河沿岸 5 个合流制系统合流制溢流的初期冲刷进行了研究，结果显示若以 50/50 标准判定，合流制溢流具有微弱初期冲刷。杨逢乐等人用拟合幂函数法研究了昆明某合流制系统的初期冲刷，除 $NO_3^--N$ 没有表现出初期冲刷，其余污染物均表现出一定的初期冲刷，但从其计算所得参数 $b$ 的平均值来看，初期冲刷并不明显。

由于不同研究区域的降雨条件、管道系统特征、管道沉积物状况及截流设施等条件不同，各研究者监测到的合流制溢流初期冲刷结果存在较大差异。总体而言，与源头汇水面和雨水管道径流相比，合流制溢流更难监测到明显的初期冲刷。以下对影响合流制溢流污染物冲刷输送的几个主要因素分别进行讨论，分析其对合流制溢流初期冲刷的影响。

## 5.2.2 合流制溢流初期冲刷的主要影响因素

### 1. 降雨条件的影响

在雨水径流进入合流制管道前，其冲刷输送规律主要受场地及降雨条件影响。许多研究发现源头汇水面较易出现明显的初期冲刷，这主要是因为源头汇水面的面积较小，径流一旦形成其流量迅速增加并很快达到峰值，而径流污染物浓度随时间变化一般呈指数形式分布，浓度峰值多出现在径流初期，即峰值流量区域通常与较高的污染物浓度相重合并且都出现在径流初期；此外，降雨强度及雨型对源头汇水面雨水径流的冲刷规律也有较大影响。作者近年对北京市某停车场雨水口进行了多次取样，并研究了平均降雨强度与初期冲刷程度（以 $MFF_{20}$ 表示）之间的关系，如图 5-8 所示，两者表现出较好的线性拟合关系，即场降雨的平均降雨强度越大，雨水口监测到的径流初期冲刷越明显。这主要是因为，降雨强度越大，则初期径流对汇水面污染物的冲刷越强烈，而源头汇水面的污染物较易被径流冲刷携带走，监测点处的污染物浓度随时间迅速下降，初期冲刷现象明显。如图 5-9 所示为一场暴雨期间，在该停车场监测到的雨水径流污染物浓度变化过程及冲刷过程曲线。由于降雨强度大并且雨峰出现在降雨初期，本次降雨事件的初期冲刷非常明显，SS 的 $MFF_{20}$ 值甚至达到了 4.45，可见降雨强度及雨型对源头汇水面初期冲刷程度具有显著影响。一般情况下前期晴天数越多、降雨强度越大且雨峰越靠前，则源头汇水面初期冲刷越明显，这与 Saget 等人的研究结论相似。

各源头汇水面雨水径流进入合流制管道系统后相互叠加，汇面的冲刷规律及降雨条

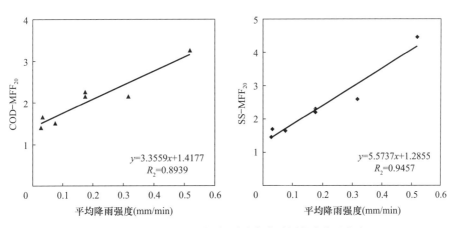

图 5-8 某停车场平均降雨强度与初期冲刷程度关系曲线

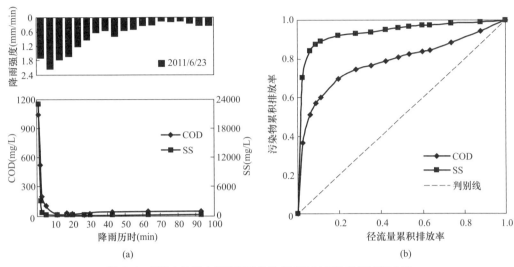

图 5-9　某停车场雨水径流污染物浓度变化过程及冲刷过程曲线

(a) 污染物浓度变化；(b) 初期冲刷曲线

件会影响管道系统中污染物的混合、沉淀、冲刷、截流、溢流等环节，导致管道内污染物输送规律复杂。降雨条件对合流制溢流冲刷输送规律的影响与管道系统特征及沉积物等联系密切，在后续文段进行综合讨论。

### 2. 管道系统特征的影响

与雨水管道相比，合流制管道内增加了旱季污水流量，但由于暴雨期间管道内污水流量与雨水流量相比较小，可认为在降雨时段内污水流量小且稳定，对合流制管道流量及污染物输送影响较小。因而在不考虑旱季污水及管道沉积物的条件下，管道系统特征对合流制管道内合流污水的影响规律类似于雨水管道径流。根据管网形态和雨水口的分布情况，可将汇水区域分成多个源头汇水面。合流制管道内污染物浓度峰值的出现时间和大小与各源头汇水面进入雨水口的污染物浓度及雨水口分布有关。各源头汇水面污染状况及降雨冲刷程度的不同导致各雨水口的初始浓度不同，各雨水口径流在管道内汇流的时间差导致不同源头汇水面雨水径流相混合。因此，在不考虑管道沉积物影响时，汇水区域越大，雨水口越多，管网拓扑结构越复杂，则各雨水口径流在管道内汇流的时间差越大，旱季污水和不同浓度雨水径流的混合过程越复杂和随机，经常出现管道合流污水浓度峰值后移或出现多个峰值的现象，导致管道系统出流的初期冲刷被削弱。

一些学者的研究和试验结果与上述结论一致：如 Stotz 等人认为管道系统的汇流时间

对管道内污染物初期冲刷有较大影响，一般情况下在汇流时间短、没有明显沉积物的较小雨水管道系统中初期冲刷出现频率高，而在合流制系统中，初期冲刷问题变得更为复杂；德国排水技术协会 "ATV A 128 guidelines（ATV，1992）" 标准指出，在汇流时间小于 15min 的小流域存在初期冲刷，在较大的合流制系统中，由于较长的输送时间以及管道沉积物的影响导致初期冲刷消失；谭琼等人对上海合流制系统的研究结果也显示，各水质指标的初期冲刷强度随汇水面积增加而减小。

### 3. 管道沉积物的影响

合流制管道沉积物是合流制溢流污染的主要来源之一，因此除了考虑雨水径流对源头汇水面的冲刷及在管道内的混合与叠加，还要考虑合流污水对管道沉积物的冲刷。利用 SWMM 模型对小汇水面与管道中污染物输送规律的模拟结果显示，当管道沉积物冲刷引起的污染物流失量远大于源头汇水面冲刷引起的污染物流失量时，管道沉积物成为影响管道污染物输送规律的重要因素。

降雨期间大量雨水径流进入合流制管道，不仅带来了源头汇水面的污染物，而且较大的流速和剪切力对管道沉积物形成了较大的冲刷作用。由于合流制管道内旱季污水流量相对较小，沉积物的累积程度更为严重；而我国多数城市合流制管道长期未经冲洗，不仅沉积物数量大，其形式和种类也更复杂，可能发生硬化、板结而形成较大颗粒，甚至存在一些建筑垃圾、石块等难以被冲掉，管道沉积物对合流制溢流污染物输送的影响也就更复杂和显著。Suarez 等人认为，如果沉积物含量较大并且已形成胶体或凝聚结构，则沉积物的移动和释放过程会非常缓慢并且难以分析，可能出现在整个溢流过程中都有大量的污染物排放，导致不会出现初期冲刷。合流制管道内沉积物数量的不同可能导致不同区域具有截然不同的冲刷规律，如前文所述 Barco 等人在意大利和 Sztruhar 等人在斯洛伐克监测到的合流制溢流初期冲刷程度差异较大，对比其研究区域特点，最明显的就是后者合流制管道中沉积物非常多，而前者合流制管道设计为 "蛋形"，几乎不存在沉积物。

此外，降雨强度、雨型和管道坡度的不同引起管道流量变化，进而显著影响对沉积物的冲刷强度和管道内污染物的冲刷输送规律。例如，对于雨峰在前的暴雨事件，管道内合流污水流量大且峰值靠前，管道沉积物能够被迅速冲起，则可能会出现比较明显的合流制溢流初期冲刷。但实际上在大的汇水区域内溢流流量的峰值通常会显著后移，受沉积物数量、形式及释放速度的影响，污染物浓度峰值也可能后移或出现多个峰值，各种因素作用的叠加导致合流制溢流的初期冲刷规律（存在与不存在、明显或不明显）不同。

### 4. 截流设施的影响

合流制管道内雨污混合水的流量超过截流管截流能力时才会发生溢流，因此部分初期合流污水被截流到污水处理厂而没有溢流排放，一些中小强度降雨甚至不发生溢流。合流制系统的截流和溢流过程受雨型、降雨强度、截流倍数、旱季污水流量、管道系统调蓄能力和溢流井设计形式等因素的影响。由于截流作用，截流前的合流污水（图5-10中监测点1）和合流制溢流（图5-10中监测点2）具有不同的初期冲刷规律。为了研究截流设施对合流制溢流初期冲刷的影响，假设监测点1处合流污水流量较大并且存在较明显的初期冲刷（用拟合幂函数 $Y=X^b$ 量化表示，$b$ 分别取0.158和0.569），当截流倍数分别取0～5时（$n=0$ 表示无截流），通过一定的概化计算，分析监测点2处的初期冲刷程度，结果如图5-11所示。

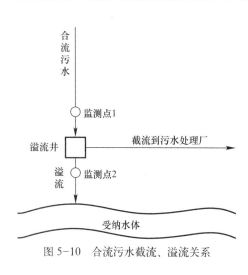

图5-10　合流污水截流、溢流关系

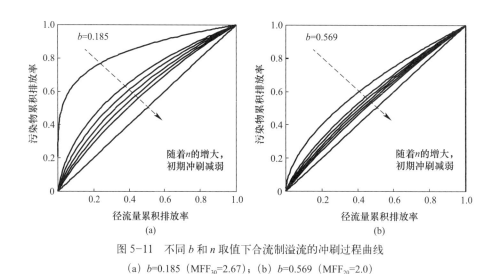

图5-11　不同 $b$ 和 $n$ 取值下合流制溢流的冲刷过程曲线

（a）$b=0.185$（$MFF_{30}=2.67$）；（b）$b=0.569$（$MFF_{20}=2.0$）

可以看出，采取截流设施对初期冲刷有一定的削弱作用，即截流前的合流污水比合流制溢流的初期冲刷明显；在其他条件相同时，截流倍数越大合流制溢流初期冲刷越不明显；当合流污水流量较小时截流量相对较大，因而中小降雨事件引起的合流制溢流初期冲刷更容易被削弱而不明显；当 $b$ 取其他值时可得到类似结论。这主要是因为，受截流设施影响，监测点 1 处的初期和后期合流污水都被截流到污水处理厂，而当监测点 1 处存在初期冲刷时，其初期较脏的部分及后期较干净的部分都被截流，导致取样点 2 处监测到的初期冲刷程度被削弱。

**5. 各影响因素的综合作用**

如图 5-12 所示为北京通惠河沿岸监测到的两次典型的合流制溢流水质水量变化过程及冲刷曲线。受雨型、降雨强度、下垫面类型及汇水范围等因素影响，合流制系统从开始降雨到发生溢流可能需要较长时间，如图 5-12 中两次合流制溢流的溢流开始时间分别滞后于降雨开始时间 47min 和 21min，合流制溢流流量峰值与降雨强度峰值有关，并呈现波动和滞后。由于各源头汇水面规模、污染程度不同，进入管道系统的雨水径流量和污染物浓度存在差异，并且远端汇水面的初期径流会与近端汇水面的后期径流混合，同时，受管道沉积物的影响，污染物浓度峰值未必出现在合流制溢流的初期，并可能出现多个峰值。图 5-12 中两次合流制溢流的 SS 浓度峰值均未出现在溢流开始时，而两次合流制溢流的 SS 浓度峰值相差达到 3 倍以上。

正是由于这些因素的综合作用，导致了两次溢流事件水质水量的各项指标存在较大差异，且初期冲刷均不明显。

### 5.2.3　基于合流制溢流污染物排放规律的控制策略

上述分析及国内外研究表明，受各种因素的综合影响，每个管道系统在不同降雨事件中所表现出的冲刷规律都可能不相同。尽管如此，特定区域的合流制溢流冲刷仍然会有一定的规律，通过连续监测和研究能够寻找该区域合流制溢流冲刷的典型规律。但缺乏实地的监测与研究，简单地基于初期冲刷的控制会产生误导并影响控制效率，因此，选择合适的合流制溢流控制技术及合理设计处理设施应该基于本区域监测研究获取的污染物典型冲刷规律。在缺少长期监测数据或不具备监测和取样条件的一些区域，合流制溢流控制策略的制定需要根据国内外研究的合流制溢流冲刷普遍规律和本区域的实际情况进行综合分析和判断，科学地制定控制策略和设计控制措施，以提高合流制溢流控制效率。

合流制溢流控制以削减进入受纳水体的污染物总量为目标，因此，削减溢流污染负荷比削减溢流量更加重要。对于一些具备监测条件并且通过持续的监测与研究，容易观测到比较明显的初期冲刷的区域，可通过重点控制溢流初期的合流污水以实现较好的控制效果。如 Kim 等人对韩国某合流制区域的研究得出，通过调蓄初期 5mm 降雨量可削减 80%

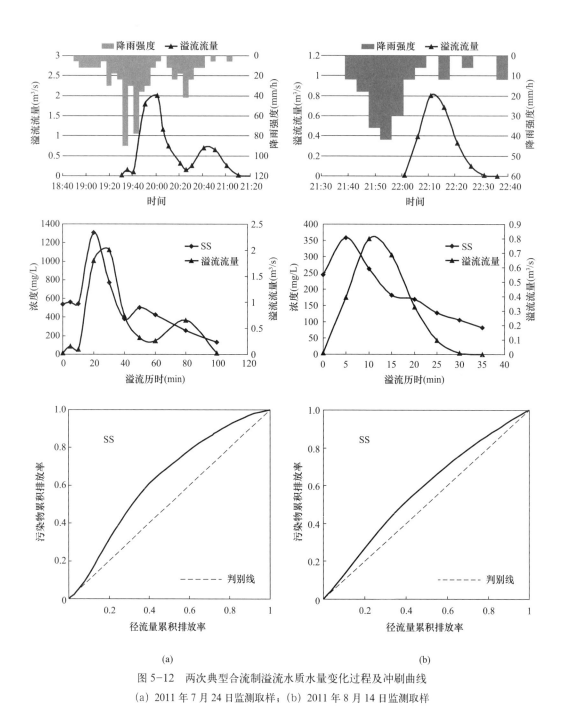

图 5-12 两次典型合流制溢流水质水量变化过程及冲刷曲线

(a) 2011 年 7 月 24 日监测取样；(b) 2011 年 8 月 14 日监测取样

的排入受纳水体的悬浮固体，Barco 等人提出若存在明显的初期冲刷，可利用 BMP 措施储存或处理初期较脏的合流污水以提高控制效率，并且由于初期污染物浓度较高，沉淀、过滤等 BMP 措施对污染物的去除率效果也更好。

　　许多区域监测到合流制溢流初期冲刷不明显或者不经常出现，若只控制溢流初期的合流污水会导致污染物控制率低，或者需要设计更大规模的存贮调蓄设施；即使合流制溢流表现出中等强度的初期冲刷，由于暴雨期间溢流量较大，按控制初期溢流污水设计所需的设施规模仍然可能非常大。为了提高合流制溢流控制效率，可考虑采取以下措施：

　　（1）在合流制区域广泛推广 LID 与绿色雨水基础设施（GSI）等源头雨水控制利用措施，有效减少溢流量，提高控制效率并减少下游设施规模。

　　（2）加强对合流制管道系统的管理与维护，定期冲洗管道，清扫街道及雨水口，并积极采取非工程性措施，减少汇水面及管道内沉积物的积累，从源头和管道中削减污染物，减少末端处理的压力。

　　（3）采取旋流分离、高效沉淀等措施，在溢流的整个过程中对合流制溢流进行高效处理，而不是仅处理溢流初期部分。

　　（4）采取水质在线监测、实时控制等技术，有效捕捉、储存和处理污染物浓度较高时段的溢流污水，如 Hochedlinger 等人研究了采用紫外－可见光谱在线监测合流制溢流，并根据实时监测数据控制调蓄池，La-cour 等人通过监测溢流污水浊度实时控制调蓄池的运行，有效提高合流制溢流污染物削减率。

　　（5）加大研究合流制溢流冲刷规律及调蓄池布置、运行方式对控制效果的影响，如 Calabroa 等人通过模拟得出，对于存在初期冲刷的区域，离线式调蓄池比在线式效率更高，不存在初期冲刷的区域，在线式调蓄池效率更高。

# 5.3　典型分流制片区雨水径流监测

　　城市雨水径流具有污染物成分复杂多样、污染源空间分布广泛等特点，我国幅员辽阔，不同地区、不同降雨特征、不同下垫面类型的径流污染水平和污染物输送规律具有非常大的差异，而对于不同特点的受纳水体，径流污染所产生的影响和水质威胁也不相同，给径流污染控制和水环境治理带来了较大的挑战。

　　以我国平原河网地区某城市一典型滨河分流制片区为例，基于对不同下垫面雨水径流及周边河道常规污染物指标的监测，结合河道水环境质量时空变化特征，分析径流污染程度及对河道水环境的影响。

### 5.3.1 监测研究区域

监测研究区域为我国平原河网地区某城市的一个典型滨河分流制片区，片区内雨水径流均排放至周边河道。我国平原河网地区一般经济发达、人口密集，同时具有地势平坦低洼、降雨充沛、河湖密布、河网交织等特点。为了对比不同下垫面雨水径流污染特性，选择3个雨水径流取样点J1、J2、J3，分别代表城市道路、城市快速路和城市建筑小区的下垫面情况。J1点城市道路周边以商业和居住用地为主，人流密集、车辆繁多；J2点城市快速路车流量大且以大型货车为主，无其他用地类型雨水径流汇入；J3点城市建筑小区为居住用地，车流量少但人员活动密集。

在监测城市雨水径流的同时，选取监测研究区域城市段及上、下游共A、B、C、D 4个监测点，对河道降雨期间水质情况进行监测。A点周边为零散的居住点和农田，属于河道上游监测点；B点周边为城市集中居住区和商业区；C点周边主要为工业用地，沿河有多家企业；D点周边主要为零散的居住点和企业，为河道下游监测点。

雨量计安装在监测研究区域北部，各雨水径流水质采样点、河道水质采样点及雨量计位置如图5-13所示。

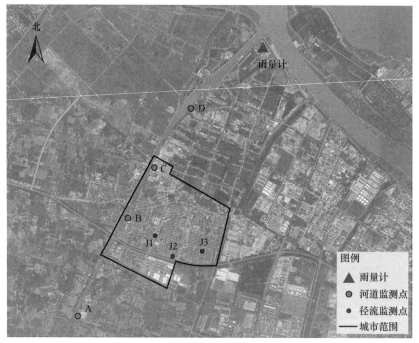

图5-13　雨水径流水质采样点与河道水质采样点分布图

### 5.3.2　监测指标与分析方法

雨水径流监测指标主要包括 COD、SS、TN、TP、NH$_3$-N 等常规污染物指标，河道水质监测指标主要包括 COD、SS 等。

监测数据分析内容及方法包括：

#### 1. 事件平均浓度计算

美国环境保护局开展的全美城市径流项目（National Urban Runoff Program, NURP）认为用事件平均浓度（EMC）分析不同汇水区域有较高的置信水平，本次研究对降雨污染水平的分析评价采用 EMC 分析法，计算方法见公式（5-1）：

$$EMC = \frac{\sum_{i=1}^{n} C_i Q_i \Delta t}{\sum_{i=1}^{n} Q_i \Delta t} \tag{5-1}$$

式中　$n$——整场降雨采样次数；

$C_i$——第 $i$ 次采样浓度，mg/L；

$Q_i$——第 $i$ 次采样径流流速，L/s；

$\Delta t$——采样时间间隔，s。

#### 2. 初期冲刷效应评价

雨水径流的初期冲刷是指在径流初期污染物输送速率大于径流量输送速率的现象。Geiger 提出对于次降雨事件的任一种污染物，通过绘制无量纲累积负荷—体积分数 $M(V)$ 曲线来判定初期冲刷是否存在，该方法当前被广泛采用。$M(V)$ 曲线中的对角线表示在整个径流过程中污染物均匀排放，将其作为初期冲刷的判别线；当曲线前段部分高于对角线时，即认为存在初期冲刷，并且曲线前段偏离判别线的距离越大表示初期冲刷越明显。

$M(V)$ 曲线计算方法为部分事件平均浓度（PEMC）与 EMC 值的对比，PEMC 可以由公式（5-2）计算：

$$PEMC = \frac{M(t_p)}{V(t_p)} = \frac{\int_0^{t_p} C(t)Q(t)dt}{\int_0^{t_p} Q(t)dt} \approx \frac{\sum_{i=1}^{m} C_i Q_i \Delta t}{\sum_{i=1}^{m} Q_i \Delta t} \tag{5-2}$$

式中　$M(t_p)$——0～$t_p$ 时段径流污染物负荷，mg；

$V(t_p)$——0～$t_p$ 时段降雨径流量，L；

$C(t)$——$t$ 时刻污染物浓度，mg/L；

$Q(t)$——$t$ 时刻径流瞬时流量，L/s；

$M$——$0\sim t_{\mathrm{p}}$ 时段降雨径流采样次数；

$\Delta t$——采样时间间隔，s。

若 PEMC > EMC，认为该污染物在本次降雨事件中存在初期冲刷效应。

### 3. 径流污染物负荷计算

根据各点位 EMC 值计算出径流污染物负荷以及年径流污染物总量，计算方法见公式（5-3）：

$$l = L/A = 0.01\alpha\psi PC \tag{5-3}$$

式中　$l$——单位面积污染物负荷，kg/（hm² · a）；

　　　$L$——一定面积排水区域的污染物负荷，kg/a；

　　　$A$——排水区域面积，hm²；

　　0.01——单位换算系数；

　　　$\alpha$——径流修正系数，一般取 0.9；

　　　$\psi$——排水区域综合径流系数；

　　　$P$——年降雨强度，mm/a；

　　　$C$——EMC 均值，mg/L。

### 4. 雨水径流采样和指标检测方法

当地面出现明显产流时开始采样，初期雨水径流按 3～5min 间隔时间，后期径流间隔时间逐步延长至 15～30min，以能够真实反映降雨变化特征为准。采样及各指标的监测方法按照相关国家标准和规范执行。

### 5. 河道采样和指标检测方法

使用河道采样器在降雨、前、中后对监测点进行采样。采样时，将河道采样器下沉至水面下 1m 处，取两次平行水样以减小误差，采样及各指标的监测方法按照相关国家标准和规范执行。

## 5.4　分流制雨水径流污染水平及污染物排放规律

### 5.4.1　雨水径流污染水平分析

统计不同下垫面在 3 场不同降雨中各污染物的事件平均浓度（EMC）值，结果如表 5-4 所示。

各监测点径流污染物 EMC 值统计及与现行国家标准的比较表　　表 5-4

| 采样点 | 采样降雨场次 | COD (mg/L) | SS (mg/L) | TN (mg/L) | TP (mg/L) | NH₃-N (mg/L) |
|---|---|---|---|---|---|---|
| J1 | 降雨 1 | 56.47 | 162.83 | 0.98 | 0.31 | 0.12 |
| | 降雨 2 | 160.76 | 311.26 | 3.62 | 1.09 | 0.36 |
| | 降雨 3 | 108.59 | 145.71 | 1.99 | 0.43 | 0.34 |
| | **均值** | **108.61** | **206.6** | **2.2** | **0.61** | **0.27** |
| J2 | 降雨 1 | 104.09 | 260.79 | 0.36 | 0.59 | 0.26 |
| | 降雨 2 | 146.82 | 386.21 | 3.59 | 0.8 | 0.27 |
| | 降雨 3 | 152.26 | 226.59 | 1.95 | 0.57 | 0.41 |
| | **均值** | **134.39** | **291.2** | **1.97** | **0.65** | **0.31** |
| J3 | 降雨 1 | 85.15 | 268.39 | 1.26 | 0.39 | 0.25 |
| | 降雨 2 | 87.97 | 313.1 | 4.46 | 0.77 | 0.2 |
| | 降雨 3 | 73.01 | 90.07 | 4.77 | 0.59 | 0.14 |
| | **均值** | 82.04 | 223.85 | 3.5 | 0.58 | 0.2 |
| 总体均值 | | **108.35** | **240.55** | **2.55** | **0.62** | **108.35** |

| 标准名称 | 级别 | COD (mg/L) | SS (mg/L) | TN (mg/L) | TP (mg/L) | NH₃-N (mg/L) |
|---|---|---|---|---|---|---|
| 《地表水环境质量标准》 GB 3838—2002 | Ⅲ类 | 20 | — | 1.0 | 0.2 | 1.0 |
| | Ⅴ类 | 40 | — | 2.0 | 0.4 | 2.0 |
| | 均值水平 | 均超过Ⅴ类水标准 3 倍以上 | — | 均超过Ⅲ类水标准 | 均超过Ⅴ类水标准 | 优于Ⅲ类水标准 |
| 《城镇污水处理厂污染物排放标准》 GB 18918—2002 | 一级 A | 50 | 10 | 15 | 1 | 5 |
| | 一级 B | 60 | 20 | 20 | 1.5 | 8 |
| | 均值水平 | 均超过一级 B 排放标准约 2 倍 | 均超过一级 B 排放标准 10 倍以上 | 均超过一级 A 排放标准 | 均超过一级 A 排放标准 | 优于一级 A 排放标准 |

注："—"表示标准中无该项指标内容。

　　从表 5-1 可以看出，在不同降雨事件中，各污染物指标的 EMC 值存在较大差异。除 NH₃-N 指标外，其他各污染物指标浓度均超过《地表水环境质量标准》GB 3838—2002 Ⅲ类水及《城镇污水处理厂污染物排放标准》GB 18918—2002 一级 A 排放标准，各下垫面径流污染程度均较高。

　　对国内部分城市地表径流 EMC 值进行汇总分析，结果如表 5-5 所示。通过对比发现，由于径流污染影响因素多、随机性大等特点，不同城市的径流污染水平有较大差异，即使同一城市在不同降雨场次中 EMC 值变化范围也较大。总体而言，表中统计的各个城市雨水径流污染程度均比较高，污染物浓度最高值均超过以上标准中地表水 V 类水质标准及城镇污水处理一级 A 排放标准，径流污染的严重程度不容忽视。

国内部分城市径流污染 EMC 值　　　　　　　　表 5-5

| 城市 | COD (mg/L) | SS (mg/L) | TN (mg/L) | TP (mg/L) | NH$_3$-N (mg/L) |
|---|---|---|---|---|---|
| 西安市 | 86.00～346.00 | 128.00～523.00 | N/A | 0.20～0.90 | 3.08～6.00 |
| 北京市 1 | 22.26～310.61 | N/A | 2.26～8.19 | 0.15～0.28 | N/A |
| 北京市 2 | 100.68～363.45 | 39.21～146.96 | 4.31～9.64 | 0.23～0.66 | N/A |
| 合肥市 | 80.17～257.40 | 94.28～693.81 | 5.95～16.50 | 0.85～1.27 | 2.93～10.29 |
| 昆明市 | 31～248 | N/A | 2.9～9.5 | 0.85～2.5 | 0.29～1.43 |
| 武汉市 | 60～110 | 350-650 | 4.9～6.04 | 0.3～0.53 | N/A |
| 本研究 | 82.04～108.61 | 206.6～240.55 | 1.97～2.55 | 0.58～0.62 | 0.2～0.27 |

## 5.4.2　雨水径流污染物初期冲刷程度评价

采用 $M(V)$ 曲线法对 3 场不同降雨、不同下垫面的初期冲刷效应进行分析，并计算前 50% 的雨水径流所携带的污染物负荷的比例，如图 5-14、表 5-6 所示。

前 50% 的雨水径流携带污染物负荷的比例　　　　　　表 5-6

| 降雨事件-监测点位 | COD | SS | TN | TP | NH$_3$-N |
|---|---|---|---|---|---|
| 降雨事件 1-J1 | 50.7% | 40.2% | 43.8% | 37.5% | 50.8% |
| 降雨事件 1-J2 | 58.5% | 53.5% | 49.1% | 55.3% | 52.0% |
| 降雨事件 1-J3 | 65.8% | 67.3% | 59.4% | 65.8% | 30.1% |
| 降雨事件 2-J1 | 72.3% | 65.4% | 75.0% | 69.0% | 84.0% |
| 降雨事件 2-J2 | 64.9% | 86.8% | 70.3% | 78.7% | 69.0% |
| 降雨事件 2-J3 | 65.3% | 51.8% | 67.9% | 58.5% | 81.5% |
| 降雨事件 3-J1 | 55.7% | 72.6% | 59.5% | 75.5% | 67.5% |
| 降雨事件 3-J2 | 60.2% | 75.1% | 66.7% | 72.6% | 61.3% |
| 降雨事件 3-J3 | 58.0% | 69.9% | 64.3% | 55.1% | 73.2% |

从图 5-14 可以看出，不同降雨场次、不同污染物、不同取样点所表现出来的初期冲刷程度均不相同。根据沈阳市、武汉市等国内城市相关研究，初期冲刷作用的影响因素复

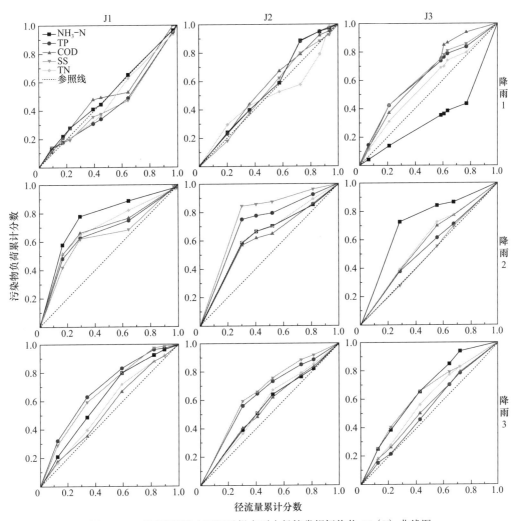

图 5-14　不同降雨场次不同采样点雨水径流常规污染物 $M$ ($V$) 曲线图

杂，其中降雨强度和污染物累积量对初期冲刷程度的影响较大。本研究第 1 场监测降雨的初期冲刷程度总体较微弱，3 个监测点位中前 50% 的雨水径流污染物负荷为 30.1%～68%，与本场降雨的前期污染物累积较少且平均降雨强度较低密切相关。第 2 场监测降雨的初期冲刷程度相对较强，3 个监测点位中前 50% 的雨水径流污染物负荷为 51.8%～84.0%，与本场降雨前期污染物积累较多且降雨强度较大密切相关。第 3 场监测降雨的初期冲刷效应强于第一场但弱于第 2 场，主要是由于该场降雨有一定的前期污染物积累但降雨强度较小，雨水径流污染物负荷相比第 1 场降雨要多，但少于第 2 场降雨。监测结果验证了降雨强度和污染物积累量是影响冲刷程度的重要因素。

### 5.4.3 受纳水体水质时空变化特征分析

通过对河道同一点位在降雨前后水质变化情况进行监测分析，可以判断降雨过程中雨水径流所携带的污染物对河道水质的影响程度。以降雨事件 2 为例，对河道 4 个点位在降雨前、降雨过程中及降雨后的 COD 和 SS 这 2 种污染物浓度的变化情况进行分析。降雨过程中与降雨前河道各采样点污染物浓度变化量及变化幅度如图 5-15 所示，降雨后与降雨前污染物浓度变化量及变化幅度如图 5-16 所示。

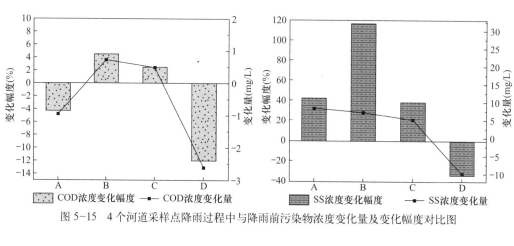

图 5-15 4 个河道采样点降雨过程中与降雨前污染物浓度变化量及变化幅度对比图

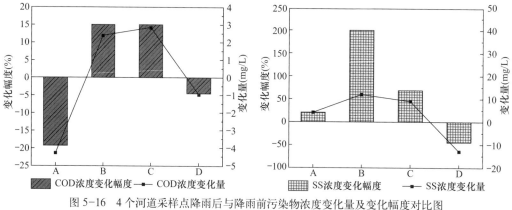

图 5-16 4 个河道采样点降雨后与降雨前污染物浓度变化量及变化幅度对比图

从图 5-15、图 5-16 可以看出，降雨过程中、降雨后与降雨前相比，河道不同取样点的污染物浓度变化呈现出不同的变化趋势和变化幅度，除受河道上游来水水质影响外，各个点位周边不同的雨水径流水质状况对河道监测点水质有较大影响，上游来水水质及径流水质的不同导致稀释净化或加剧污染的不同效果。总体而言，位于城市段的 B、C 两个河道取样点受城市雨水径流污染影响较大，降雨过程中、降雨后与降雨前相比污染物浓度普遍呈明显上升趋势，由于 B 点附近主要为老旧居住区及商业区，C 点主要为工业用地，城市段雨水径流污染程度远大于城市周边区域雨水径流，对河道造成的污染相对更严重。在本次降雨过程中，取样点 B 处降雨过程中与降雨前相比 COD 浓度上升幅度约为 5%，SS 浓度上升幅度约为 120%；取样点 C 处降雨后相较于降雨前 COD 浓度上升幅度约为 15%，SS 浓度上升幅度约为 200%。A、D 两个河道取样点污染物浓度总体呈下降趋势，主要是上游来水或周边径流污染物浓度低于河道水质。

### 5.4.4　径流污染与点源污染贡献比例分析

径流污染物负荷可直接反映雨水径流产生污染排放情况，根据各监测点位径流 EMC 值及监测研究区域降雨量、降雨场次、用地类型及面积等计算出径流污染物负荷以及年径流污染物排放入河量；根据片区人口、污水产生量及污水处理厂处理排放标准，计算得出片区年点源污染排放入河量，计算结果如表 5-7 所示。由于监测研究区域降雨充沛（多年平均降雨量约为 1150mm）且城市径流污染浓度较高，年径流污染排放入河量较大，其中径流 COD、SS 及 TP 污染物排放入河量占点源和面源污染排放总量的比例接近或超过 50%，TN、$NH_3$-N 污染物排放量占比为 13.9% 和 3.7%。对于监测研究区域而言，城市径流污染成为制约水环境持续改善的主要因素。

监测研究区域径流污染和点源污染排放入河量计算表　　　　　表 5-7

| 污染物指标 | 年径流污染物负荷 [kg/（$hm^2$·a）] | 年径流污染物排放量 (t/a) | 污水处理厂尾水排放量 （$m^3$/a） | 径流污染排放占总排放量比例（%） |
|---|---|---|---|---|
| COD | 718.77 | 143.75 | 91.25 | 61.2% |
| SS | 1703.42 | 340.68 | 18.25 | 94.9% |
| TN | 22.08 | 4.42 | 27.375 | 13.9% |
| TP | 4.47 | 0.89 | 0.9125 | 49.5% |
| $NH_3$-N | 1.75 | 0.35 | 9.125 | 3.7% |

## 5.5　小　　结

### 5.5.1　合流制系统溢流监测结论及污染控制建议

（1）受降雨条件、管道系统特征、管道沉积物状况及截流设施等因素的综合影响，合流制溢流水质水量变化随机而复杂，对不同研究区域、不同降雨条件、不同污染物指标所监测到的冲刷规律结果差异较大，甚至每个管道系统在不同降雨事件中所表现出的冲刷规律都可能不相同。但是一些区域的某些特点可能会使该区域的合流制溢流冲刷呈现一定的典型规律。降雨强度越大且雨峰越靠前，源头汇水面雨水径流的初期冲刷越明显；而合流制系统较大的汇水面积、复杂的管网拓扑结构、大量的管道沉积物以及截流设施的设置削弱了合流制溢流的初期冲刷，导致合流制溢流初期冲刷一般不明显，并可能出现"后期冲刷"。

（2）由于合流制溢流冲刷规律的复杂性（甚至可能不存在初期冲刷），在制定合流制溢流控制方案和设计参数时应基于对本区域的监测与研究，或通过科学把握合流制溢流冲刷规律的本质及特点，有针对性地制定控制策略，而不能随意、简单地基于合流制溢流初期冲刷存在的假定。

（3）除了应用普遍的调蓄措施，还应该在合流制区域广泛推广源头控制措施，因地制宜地采取旋流分离、高效沉淀、水质在线监测及实时控制等技术来提高合流制溢流的控制效率。

### 5.5.2 分流制系统雨水径流监测结论及污染控制建议

（1）监测结果表明，监测区域雨水径流污染程度总体较高，其中 COD、TN、TP 等指标的平均浓度超过地表水劣V类水质；不同降雨事件、不同污染物、不同取样点雨水径流的初期冲刷程度均不相同，并且与降雨强度和前期污染物积累情况等因素密切相关；降雨过程中工商业发达、人员与交通密集区域排放的雨水径流增加了河道中 COD、TN、TP 等指标的浓度；对比结果显示监测区域部分污染物指标的城市径流污染物年排放量超过污水处理厂尾水污染物排放量。监测研究结果可为相关城市径流污染控制和水环境治理等工作提供参考和依据。

（2）监测研究区域不同降雨事件、不同下垫面的雨水径流 EMC 值存在较大差异，但除 $NH_3-N$ 外，其余常规污染物指标浓度均超过《地表水环境质量标准》GB 3838—2002 Ⅲ类水标准及《城镇污水处理厂污染物排放标准》GB 18918—2002 一级 A 排放标准。采用 $M(V)$ 曲线法对不同降雨事件、不同下垫面的初期冲刷效应进行评价，监测结果验证了降雨强度和污染物积累量是影响径流初期冲刷程度的重要因素。

（3）对降雨前后监测研究区域周边河道水质时空变化情况进行分析，位于城市段的河道取样点处水质受雨水径流污染影响较大，降雨过程中、降雨后与降雨前相比污染物浓度普遍呈明显上升趋势，而城市外围农田段河道取样点污染物浓度总体呈下降趋势。由于监测研究区域降雨充沛且城市径流污染浓度较高，年径流污染排放入河量较大，监测研究区域内城市径流污染成为制约河道水环境持续改善的主要因素。

（4）为降低城市雨水径流对河道水环境的影响，首先应加大监测研究区域环境清洁整治力度，加强对沿河企业、码头、仓库材料的存放和运输管理；同时遵循自然积存、自然渗透、自然净化理念，结合道路两侧及建筑小区内部绿地设置生物滞留设施、植草沟等源头海绵设施，在减少径流排放的同时发挥减少水土流失、吸纳污染物的功能；由于监测研究区域径流污染浓度较高，可在较大雨水管道排放口处设置雨水调蓄或处理设施。

# 第6章 雨污分流改造规划设计

近年来，在我国各城市在系统推进海绵城市建设、城市内涝防治、黑臭水体治理及污水提质增效等工作的过程中，雨污分流改造作为一项非常重要和有效的技术手段在许多城市被广泛实施。为更科学地推进雨污分流改造工作，系统解决合流制排水系统存在的排水能力不足、运行状况不佳、汛期易发生溢流污染、影响污水处理效能等问题，制定科学合理、切实可行、经济高效的合流制系统雨污分流改造规划设计方案已十分迫切和必要。总结我国城市在推进合流制系统雨污分流改造过程中存在的误区、问题和困境，在此基础上提出符合我国实际的雨污分流改造规划设计思路，系统梳理雨污分流改造的主要方式及其优势和弊端，概括总结城区、片区、地块3个不同尺度下雨污分流改造的模式和规划设计要点，为我国城市科学编制雨污分流改造规划设计方案提供参考借鉴。

## 6.1 当前雨污分流改造的问题和困境

### 6.1.1 对排水体制认识仍存在误区

合流制和分流制两种排水体制各有利弊，两者均面临不同的问题，需要不同的解决方案。合流制系统最大的缺点是雨天可能产生溢流，导致未经处理的污水直接排入水体，同时合流制系统下游的污水处理厂在雨天会受到水量增加和水质变化的冲击；分流制系统则存在径流污染，同时也容易产生混接错接问题。当前我国许多城市对合流制管道的保留或改造不明确，在排水系统规划中未能清晰回答是否改造、如何改造及何时改造等重要问题。部分城市正在大力推进雨污分流改造工作，部分城市则制定了近期保留合流制远期实现"合改分"的目标，还有一些城市的部分合流制片区如北京旧城合流制系统、上海汉阳合流制系统因"合改分"实施难度、技术和效果等问题，基本放弃"合改分"而选择保留和优化完善合流制系统。

### 6.1.2　我国合流制系统问题更复杂

我国城市合流制管渠的问题相对更复杂，可能同时存在排水能力不足，功能性、结构性缺陷突出，雨污管道混接错接严重等问题。早期设计建设的合流制管渠标准相对偏低，随着城市快速发展原有管渠的汇水范围不断增大，间接降低了排水能力；许多合流制管渠由于修建年代久远和缺乏维护而出现结构性和功能性缺陷，部分位于建筑物下的管渠因无法清掏和检修而淤积严重，严重影响过流能力；合流制管渠管径设计大于相应分流制管道，在旱季低流速情况下淤积问题更突出，雨天因管道冲刷溢流导致进入水体的污染物浓度更高；河水、地下水倒灌或入渗，施工降水排入等问题普遍存在，加之管网维护不善和淤积严重，部分合流制管渠甚至旱天处于满管状态；合流制与分流制系统交织，分流制系统中混接错接情况极为普遍。

### 6.1.3　客观条件导致改造难度较大

由于合流制系统多位于老城区，很多城市在实施雨污分流改造时面临管网数据缺失、地下空间不足、施工难度大、投资高、协调难等一系列问题。许多合流制管渠建设年代较早，原有设计数据和信息已丢失，在制定改造方案前需进行大量和详细的普查诊断；老城区建筑密集、道路下管位紧张，雨污分流改造需增设雨、污水管道的管位，在施工期间还需考虑临时管道的设置；由于业主、管理单位不同，地块内和市政管道难以同步实施系统的雨污分流改造，改造进度和管线衔接的协调困难；由于合流制系统之间、合流制系统和分流制系统之间存在错综复杂的联系，极易产生部分分流制管道建成后只能暂时接入现状合流或混接管道；部分老旧小区、背街小巷内的合流制管道因空间不足、文物保护等原因可能完全不具备改造条件。

### 6.1.4　思路和方案不科学影响效果

由于合流制排水系统自身的复杂性及我国各城市降雨条件、城市开发建设情况和排水系统状况的千差万别，合流制系统改造方案的科学制定存在一定的技术难度，需要在深入细致调查研究的基础上，因地制宜制定务实、明确的改造目标和循序渐进、分步实施改造方案。近年来许多城市非常重视合流制系统排水防涝能力提升和雨天溢流控制，实施了大量的雨污分流改造项目，部分改造项目由于规划设计方案不系统、不合理，未能统筹兼顾现有合流制系统的多重问题，未从建设目标、建设费用、建设条件等多方面对合流制系统进行综合评估，或未能统筹好轻重缓急、近远期时序安排及过渡期的衔接处理等，导致在花费了大量人力、财力和物力之后却未能实现规划设计目标，出现改造不彻底、效果不佳等问题。

# 6.2 合流制系统改造规划设计总体思路

## 6.2.1 合流制系统调查诊断

在制定合流制系统改造方案之前，首先要对现状合流制系统进行全面细致的调查，通过资料收集、调查了解、现场踏勘和核算评估，掌握合流制系统的现状情况、改造历程、建设水平和排水能力等。现状合流制系统调查步骤及内容如图6-1所示。

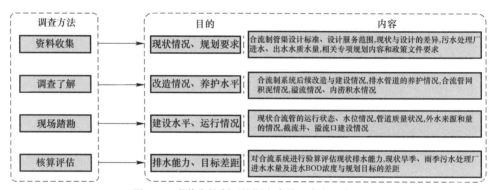

图6-1 现状合流制系统调查步骤及内容示意图

以我国某城市老城区一合流制片区为例介绍片区排水系统调查步骤及内容。该片区以合流制为主，市政道路与地块间管网混接错接问题突出。先对片区管网系统进行梳理，全面掌握片区及周边相关区域市政和地块排水设施布局与规模；结合现场踏勘对片区内现有合流制排口类型及旱季出流情况进行梳理；通过管网诊断明确片区及片区周边范围雨、污水管网混接错接点情况及管网运行情况；通过构建排水模型评估合流制管网排水能力，调查结果如图6-2、图6-3所示。

## 6.2.2 改造原则和改造思路

如前所述，合流制和分流制系统只是因地制宜原则下的不同选择，并且各有利弊，从国际上来看，美国、德国、日本等发达国家至今仍保留有较大比例的合流制系统；此外，

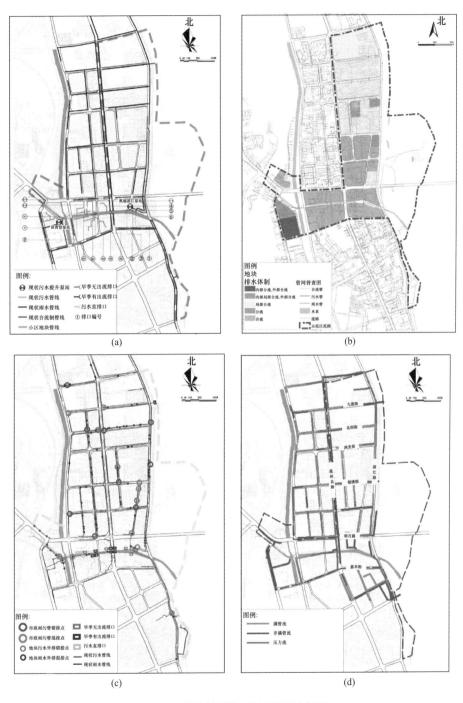

图 6-2　某合流制片区调查诊断分析图

(a) 市政排水管网排水体制调查；(b) 地块排水体制调查；

(c) 排口类型及混接错接调查；(d) 市政管网排水能力调查

我国城市的合流制系统与国外相比也有较大的差异性，实际建设情况和运行状况更为复杂，随着城市排水管网的持续新建和改造形成了复杂的雨污混流系统或不完善的截流式合流制，普遍存在排水能力不足、内涝积水、溢流污染、污水收集处理效能低等问题。

当前我国的排水管网系统建设和改造任务繁重，应结合海绵城市建设、污水处理提质增效和黑臭水体治理等重点工作，根据当地的排水设施实际情况、水环境质量现状和经济发展水平，通过多方案比选，制定出切实可行和循序渐进的综合改造方案。除部分极干旱地区外，新建城区及各类工程项目应采用雨污分流制，新建雨水管渠设计重现期要满足标准。对于现有合流制系统，应坚持问题和目标导向相结合，首先应该坚决消除污水直排入河，杜绝雨水管旱季纳污；能够雨污分流的，应尽量实施分流改造并确保分流彻底；对确实不具备改造条件的，允许保留合流制并不断完善。合流制系统改造规划设计思路与措施如图 6-3 所示。

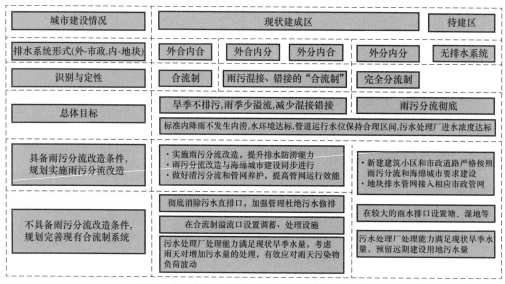

图 6-3　合流制系统改造规划设计思路与措施示意图

规划确定实施雨污分流改造的排水片区，应结合海绵城市、排水防涝、污水提质增效和黑臭水体治理系统谋划雨污分流改造方案，因地制宜确定改造方式。规划确定保留合流制的排水片区，借鉴发达国家经验，通过源头控制、增加截流、调蓄及处理能力等综合措施来优化和完善合流制系统的运行，进而减少合流制溢流污染。无论实施雨污分流改造还是完善合流制系统，均应系统性关注和解决现有排水系统存在的诸多问题，理清分流系统与合流制系统边界，系统之间尽可能不连接或少连接；合流制改造要与雨水排水标准提升相结合，严格控制施工过程的雨污混接；做好管网系统清污分流，降低外水比例和管道水位，进一步提升管网的流速和污染物的浓度，确保各项措施和方案合理衔接、规模匹配，实现方案的最优。

# 6.3　雨污分流改造方式及效果

## 6.3.1　市政管道雨污分流改造

当前常用的市政管道雨污分流改造方式主要有4种，各方式及利弊分析如表6-1、图6-4所示。基于对现有合流管管径尺寸、上游和下游衔接、排放出路，以及实施条件、资金投入等因素的综合分析，可因地制宜采取将原合流管作为污水管并新增雨水管，将原合流管作为雨水管并新增污水管，或将原合流管废弃新建污水及雨水管等改造方式；已有污水和雨水管存在混接错接问题的，可在开展管网普查诊断，查明管道混接错接点位和形式的基础上实施混接错接点改造；无论采取何种改造方式，在改造时应尽可能对原合流管存在的结构性和功能性缺陷，以及外水入渗等问题进行同步改进；若道路周边地块未同步实施雨污分流改造，则新增管道或原管道仍为合流。

**市政管道雨污分流改造方式对比表**　　　　　　表6-1

| 改造方式 | | 优势 | 缺点／问题 | 改造效果 |
|---|---|---|---|---|
| 方式1 | 原合流管作为污水管、新增雨水管 | 1. 不改变原污水收集系统，不涉及道路周边地块污水纳管相关改造；<br>2. 新建市政雨水管可按最新排水标准要求建设 | 1. 原合流管改为仅排放污水后管径可能相对偏大，易造成管道内流速低、易淤积等问题；<br>2. 若需要新增设雨水排放口，增加工程量和实施难度 | 1. 可有效减少原合流管中雨天水量，进而减少溢流口溢流量，减少雨天污水处理厂进水量，提高进水浓度；<br>2. 可提升雨水排放能力，缓解内涝积水问题；<br>3. 若道路周边地块未同步实施雨污分流，则新增管道或原管道仍为合流 |
| 方式2 | 原合流管作为雨水管、新增污水管 | 可沿用原雨水收集和排放通道，仅需将合流制溢流口改为雨水排放口 | 1. 需同步实施地块污水纳管改造，工程量及改造难度相对更大；<br>2. 原合流管雨水排放标准可能不满足新标准要求 | |
| 方式3 | 原合流管废弃、新建污水及雨水管 | 1. 原合流管存在的结构性和功能性缺陷，外水入渗，流速偏低等问题可一次性解决；<br>2. 雨水、污水可按照实际／规划服务范围和最新标准要求进行建设 | 1. 需同步实施地块污水纳管改造，若需要新增设雨水排放口，增加工程量和实施难度；<br>2. 市政道路下可能存在管位紧张问题，工程量及改造难度更大 | |
| 方式4 | 改造现有雨、污水管道混接错接点 | 可通过对局部混接错接点的改造实现目标，实施难度相对较小，投入相对较少 | 1. 需先开展细致的管网普查与诊断；<br>2. 原管道存在的缺陷和问题未得到解决 | |

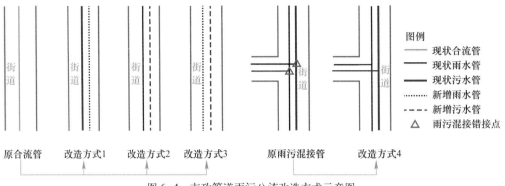

图 6-4　市政管道雨污分流改造方式示意图

### 6.3.2　地块雨污分流改造

当前常用的地块雨污分流改造方式主要有 4 种，各方式及利弊分析如表 6-2、图 6-5 所示。考虑管径尺寸、上游和下游衔接及排放出路等因素，一般不将地块内合流管作为雨水管，而是将原合流管作为污水管并新增雨水管，或将原合流管废弃并新建污水及雨水管；在具体改造中可因地制宜选择新增雨水管道，或设置线性排水沟、植草沟、碎石沟等方式

地块雨污分流改造方式对比表　　　　　　　　　　　　　　　　表 6-2

| | 改造方式 | 优势 | 缺点 / 问题 | 改造效果 |
|---|---|---|---|---|
| 方式 1 | 原合流管作为污水管，新增雨水管或通过源头海绵设施组织雨水排放 | 1. 可沿用原污水收集通道，且管径一般满足污水排放需求；<br>2. 可因地制宜选择新增雨水管、线性排水沟、植草沟、碎石沟等多种方式，新增雨水系统根据排放标准要求建设；<br>3. 可利用海绵设施促进雨水下渗和滞蓄 | 原合流管存在的缺陷和问题未得到解决 | 1. 可有效减少原合流管中雨天水量，进而减少溢流口溢流量和雨天污水处理厂进水量；<br>2. 可提升雨水排放能力，缓解内涝积水问题；<br>3. 若市政道路雨污分流不能同步推进，即使地块改造彻底市政合流管的性质仍不能彻底改变 |
| 方式 2 | 原合流管作为雨水管，新增污水管 | 可沿用原雨水收集通道 | 1. 原合流管存在的缺陷和问题未得到解决；<br>2. 原合流管雨水排放标准可能偏低，且需改造与市政管道的衔接 | |
| 方式 3 | 原合流管废弃，新建污水管，新建雨水管或源头海绵设施 | 1. 原合流管存在的缺陷和问题可一次性彻底解决；<br>2. 雨水、污水管道可按排放标准要求重新布设；<br>3. 可利用海绵设施促进雨水下渗和滞蓄 | 可能存在管位紧张、改造难度大、工程量和投资增加等问题 | |
| 方式 4 | 通过管网排查对地块内混接错接点位实施全面改造 | 可通过对局部混接错接点位的改造实现目标，实施难度相对较小，投入相对较少 | 1. 必须依托于细致的排水管网普查与诊断；<br>2. 原管道存在的缺陷和问题未得到解决 | |

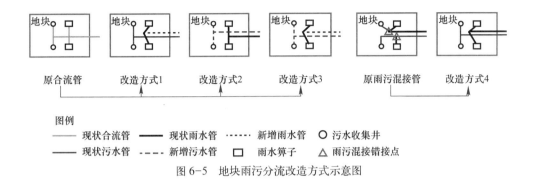

图 6-5　地块雨污分流改造方式示意图

以增加雨水下渗和滞蓄；已有污水和雨水管道存在混接错接问题的地块，以详细的管网排查为基础对地块雨污混接错接点实施全面改造；无论采取何种改造方式，在改造过程中均应尽可能对原合流管存在的缺陷和问题进行修复；若市政雨污分流不能同步推进，即使地块改造完成市政合流管的性质仍不能彻底改变。

### 6.3.3　市政与地块协同改造

根据上述分析，地块和市政管道同步实施雨污分流改造是决定改造效果的关键，若道路周边地块雨污分流不能同步推进，或新增市政雨水管仅收集道路径流，则原合流管的性质不能彻底改变，整个系统仍为不彻底的分流制；只有地块和市政合流管同步实现彻底的雨污分流改造，且地块与市政管道、市政管道之间均合理衔接，才能保证改造后实现彻底的雨污分流。市政与地块雨污分流改造综合效果如图 6-6 所示。

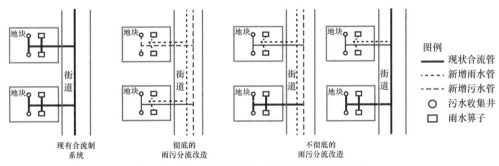

图 6-6　市政与地块雨污分流改造综合效果示意图

## 6.4　不同尺度雨污分流改造方案要点

以下从城区、片区、地块 3 个尺度研究总结不同尺度雨污分流改造规划设计要点。

### 6.4.1 城区尺度雨污分流改造

城区尺度雨污分流改造的关键是在全面调查的基础上科学编制城市合流管网改造实施方案，明确总体和阶段改造目标，年度实施计划及改造任务等。针对城市合流制系统普遍存在的排水能力不足、混接错接普遍、溢流频次高、管网老化破损淤积严重、污水收集处理低效能等问题，通过系统研究提出切实可行的改造方案，重点确定城区污水、雨水远期规划排水分区及主排水通道，明确各分区近期和远期排水体制；根据规划确定的排水体制，划清合流制系统和分流制系统的边界，避免排水系统之间的混接；对于需要改造为分流制的排水系统或片区，在理清本系统和周边系统关系的基础上，明确雨、污水的最终出路，系统实施改造，做好在过渡期中分流制管道和合流制管道连通点的记录，便于后续改造连接；对于规划保留合流制的片区，通过综合采取多种溢流控制措施最大限度降低合流制系统雨天溢流频次、溢流量及污水处理厂进水量。

雨污分流改造实施周期较长，在系统布局时应统筹排水系统改造和城区建设改造计划，要求各类城市更新项目必须同步实施雨污合流管网改造，对摸排发现的市政排水管线混接错接点同步实施改造；在各阶段改造过程中设置必要的过渡期排水、截污和溢流污染控制设施，保障过渡期的排水安全和溢流污染控制，最大限度发挥各期工程效益；有条件的城市可建立集监测、模拟、分析、控制于一体的合流制系统智慧管理平台，从现状调查、规划、设计、建设、运行管理全过程为雨污分流改造工作提供指导。

城区尺度雨污分流实施方案的编制，第一是要做好统筹协调，与城市国土空间规划、排水防涝、污水专项规划等充分对接，与在建、拟建排水管网项目进行协调；第二是尊重现状，充分了解和分析排水现状，对远期需要保留的雨水、污水、合流管渠采取合理利用或改造提升；第三是坚持问题导向，重点解决老城区现有合流制系统排水能力不足、内涝积水及溢流污染等问题；第四是分步实施，充分论证并确定老城区雨、污水主排水通道和规划排水分区。以我国某城市老城区雨污分流改造方案编制为例，通过系统梳理现状排水管渠，研究确定合流制片区排水分区及主排水通道规划原则和方法，在此基础上制定逐年排水管渠新建、改造方案。某城市老城区雨污分流改造排水分区及主排水通道规划如图 6-7 所示，对于雨水系统，现状 20 条主排水通道中有 16 条不满足排水标准，规划新增东西向主排水通道，将原 17 个雨水排水分区调整为 22 个；对于污水系统，污水主通道沿用原南北向合流制主通道，通过逐步实施改造不断减少进入合流管渠的雨水，部分缺乏污水主通道的区域重新构建主通道。

(a)

(b)

图6-7 某城市老城区雨污分流改造排水分区及主排水通道规划图

（a）污水系统；（b）雨水系统

### 6.4.2 片区尺度雨污分流改造

片区尺度雨污分流改造的关键是做好市政和地块管线的统筹衔接和混接错接点的改造。按照排水分区明确合流制片区边界后，雨污分流改造需全面考虑地块内部、市政管网及地块与市政管网之间的改造，在摸清现状管线分布及混接错接情况的基础上系统确定改造计划，有序推进雨污分流改造，确保各阶段、各局部改造既符合远期改造方案又能有效发挥工程效益。片区尺度雨污分流改造方式如图 6-8 所示。

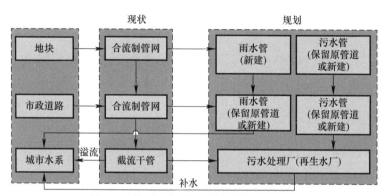

图 6-8 片区尺度雨污分流改造方式示意图

对于市政排水管线，应对原有管道进行科学论证，因地制宜选择保留原有合流管新建一套雨水 / 污水管，或废弃原有合流管新建两套管线。考虑到雨、污水纳管相关改造及提升排水防涝能力需求，可优先选择将现有合流管作为污水管，按照新的雨水排水标准敷设雨水管；若现有合流管存在较严重的结构性缺陷且排水能力不足，则废弃原合流管并新建雨、污水管线；开展市政排水管网普查诊断，查明管道混接错接的点位和形式，制定混接错接点改造方案。在实施市政合流管改造时，沿线建筑小区尽可能同步改造或纳入优先改造计划，逐步进行地块雨污分流改造和现有合流管结构性缺陷修复，未能同步改造的应为地块污水纳管做好预留，在过渡期市政雨水管可仅与道路雨水口衔接。优先选择将现状为分流制的地块或纳入改造计划的合流制地块，以及内涝积水、溢流污染、管线破损渗漏等问题突出区域的市政管网纳入雨污分流改造计划。

大规模、全面铺开的地块雨污分流改造实施难度很大，可结合系统化全域推进海绵城市建设，老旧小区改造和城市更新等项目，一方面在老旧小区实施改造时将雨污分流改造纳入基础类改造内容同步实施，另一方面优先选择沿河分布及外围市政管网为分流制的合流制小区进行改造，并将地块雨水接入河道或市政分流制雨水管道中，杜绝雨水接入污水系统；对于纳入拆迁改造计划，或涉及文物保护，改造极其困难的地块，可考虑暂不进行雨污分流改造。

### 6.4.3 地块尺度雨污分流改造

地块尺度雨污分流改造的关键是建设彻底的雨污分流系统并因地制宜实施源头海绵设施建设。在地下改造方面，因地制宜选择保留原有合流管新建一套雨水/污水管，或废弃原有合流管新建两套管线，查明管道混接错接点位和形式并进行改造，形成完善的污水收集和雨水排放系统；在地面改造方面，在地块道路、绿地和停车场改造过程中因地制宜重新组织径流，通过"渗、滞、蓄、净、用、排"设施收集、输送、净化雨水；居住小区应加强阳台洗衣污水排放出路改造，禁止接入雨水管。典型老旧小区雨污分流及海绵化改造方案如图6-9所示。

图6-9 典型老旧小区雨污分流及海绵化改造方案示意图

部分受管位空间制约无法同时埋设两套管道区域，可结合现场地形设置线型排水沟、雨水边沟、植草沟等输送雨水径流，替代常规雨水管道，地形、空间等条件较好的小区可实现"雨水走地表，污水走地下"；或采用"雨、污水分流管线同位布置"（雨水管在上污水管在下，雨水污水共用检查井）、"雨水口一体沟"等方式，如图6-10所示。

## 6.5 小 结

我国幅员辽阔，不同城市之间气候条件、经济状况、合流制系统状况及问题、合流制

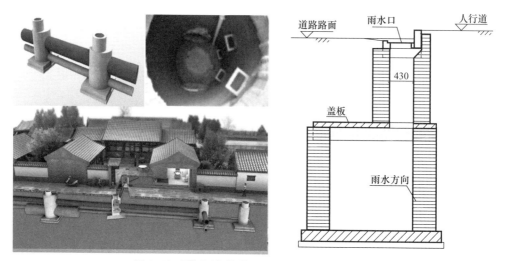

图 6-10　雨污同位管道及雨水口一体沟渠示意图

溢流污染水平等方面差异巨大，雨污分流改造方案的制定必须因地制宜结合本地实际，在不同层面、不同尺度规划设计方案中制定清晰明确的改造目标和改造任务，通过对排水系统循序渐进地科学改造和优化完善，实现有效控制合流制溢流污染、提高排水能力和污水处理效能，提升水环境质量等综合目标。

# 第7章 合流制溢流调蓄池规划设计

调蓄池广泛应用于城市内涝防治、雨水径流／合流制溢流控制及雨水利用等方面，不同类型和功能的调蓄池在设计方法、构造形式及运行管理上也有很大的不同。合流制溢流调蓄池是控制合流制溢流的一项关键技术，在发达国家的应用已经非常广泛和成熟，近年来国内许多城市也通过建设调蓄池来减少合流制溢流污染。

由于合流制溢流调蓄池的规模设计和污染物控制效率受到很多因素的影响，加之我国各城市之间差异巨大，科学地进行合流制溢流调蓄池的规划设计至关重要。本章对当前国内外常用的合流制溢流调蓄池设计方法进行了总结与评价，对影响合流制溢流调蓄池规模设计和污染物控制效率的多个关键因素进行了总结分析，为我国城市科学地决策和设计合流制溢流调蓄池，实现经济高效控制合流制溢流提供参考。

## 7.1 合流制溢流调蓄池设计方法

### 7.1.1 国内外设计方法汇总

合流制调蓄池的工作原理为：在降雨初期，小流量的雨污混合水进入污水处理厂，当雨水流量增大时部分雨污混合水溢流进入调蓄池，被贮存的这部分流量在管道排水能力恢复后返回污水处理厂或就地处理，这样既可以减小对污水处理厂的雨季冲击负荷，又可避免含有大量污染物的溢流雨水直接污染水体。因此合流制调蓄池的主要作用是收集部分溢流的混合污水，提高合流制系统截流标准，减少暴雨期间合流制管道的溢流量，从而减少对水体的污染。

通过文献调研，总结部分国外所采用的合流制溢流调蓄池设计方法，如表 7-1 所示。总体而言，发达国家在合流制溢流调蓄池设计方面都有比较成熟的思路和方法，一般是通过建立排水管网模型，根据某一比较明确的控制目标（溢流次数、溢流量、溢流污染负荷的控制量和控制率等）设计调蓄池容积；或者对典型的区域进行模拟分析，通过绘制调蓄量与控制效果的关系曲线，选择合理的调蓄池规模。

国外合流制溢流调蓄池设计方法汇总　　　　　　　　表 7-1

| 设计方法 | 国家 | 方法说明 |
|---|---|---|
| 模型模拟 | 美国 | 通过建立管网模型，根据相关设计标准或目标（如溢流频率或污染负荷削减目标值）确定调蓄池容积。一些城市的调蓄池设计方法是对某设计降雨下的溢流污水调蓄一定的时间，如对 10 年一遇降雨事件前 30min 的溢流污水进行调蓄 |
| 计算公式 | 德国 | 根据"合流制排水系统排入水体的负荷不大于分流制系统"的合流制溢流控制目标，结合排水系统相关参数确定调蓄池容积，简化计算公式为：$V=1.5 \cdot V_{SR} \cdot A_U$，$V$ 为调蓄池容积（$m^3$）；$V_{SR}$ 为每公顷面积需调蓄的雨水量（$m^3/hm^2$），在德国一般取 $12 \leqslant V_{SR} \leqslant 40$；$A_U$ 为非渗透面积（$hm^2$） |
| 模型模拟 | 日本 | 根据"合流制排水系统排放的污染负荷量不大于分流制系统"的污染物削减目标，依靠模拟试验，研究截流量与调蓄池规模的关系，再通过对实际应用效果的评估，确定合理的调蓄池容积 |
| 模型模拟 | 意大利 | 使用模型模拟合流制溢流调蓄池的运行情况，通过分析不同控制体积和控制效率之间的关系，寻找调蓄池体积在某范围内可以获得比较高的控制效率 |

国内早期建设的部分合流制调蓄池直接参考了国外的设计公式和参数，近年来，随着国内相关研究和实践的深入，相关标准规范中对合流制溢流调蓄池的规模设计也有了明确的要求。

如《室外排水设计标准》GB 50014—2021 中规定：雨水调蓄设施的位置应根据调蓄目的、排水体制、管网布置、溢流管下游水位高程和周围环境等综合考虑后确定，有条件的地区应采用数学模型法进行方案优化；用于合流制排水系统溢流污染控制的雨水调蓄设施的设计应当根据当地降雨特征、受纳水体环境容量、下游污水系统负荷和服务范围内源头减排设施规模等因素，合理确定年均溢流频次或年均溢流污染控制率，计算设计调蓄量，并应采用数学模型法进行复核；应采用封闭结构的调蓄设施。

目前常用的合流制溢流调蓄池计算方法主要有以下几种：

## 1. 模型模拟计算方法

收集城区地形图、排水管线普查图及用地类型、降雨、土壤等基础数据，对溢流口汇水范围内的排水管网建立模型，结合排水管网模型对拟建调蓄池规模进行模拟计算。

## 2. 实际监测数据统计分析法

若计划建设调蓄池的溢流口有长期实测溢流数据，可通过对溢流口（泵站）实际运行数据进行统计分析，得出采取不同调蓄规模下对应的溢流场次及溢流量削减比例，进而根据溢流控制目标确定调蓄池规模。

### 3. 截流倍数计算法

《室外排水设计规范》GB 50014—2006 中给出了合流制系统调蓄池容积计算公式，即公式（7-1）。

$$V = 3600t_i(n-n_0)Q_{dr}\beta \tag{7-1}$$

式中　$V$——调蓄池有效容积，$m^3$；

　　　$t_i$——调蓄池进水时间，h，宜采用 0.5～1h，当合流制排水系统雨天溢流污水水质在单次降雨事件中无明显初期效应时，宜取上限，反之可取下限；

　　　$n$——调蓄池建成运行后的截流倍数，由要求的污染负荷目标削减率、当地截流倍数和截流量占降雨量比例之间的关系求得；

　　　$n_0$——系统原截流倍数；

　　　$Q_{dr}$——截流井以前的旱流污水量，$m^3/s$；

　　　$\beta$——安全系数，可取 1.1～1.5。

注：该计算公式在新版《室外排水设计标准》GB 50014—2021 中取消。

综上所述，合流制溢流调蓄池的设计通常需要得出不同设计规模下的控制效果，再结合当地合流制溢流控制目标等进行确定。

## 7.1.2 推荐设计方法

总体而言，利用模型进行长历时模拟或典型降雨模拟是比较常用的合流制溢流调蓄池规模设计方法，在发达国家应用较多。针对国内城市合流制溢流调蓄池规模设计推荐采用长历时模拟方法，可通过对研究区域进行建模，模拟多年或某典型年的全年实际降雨，其他区域的调蓄池可以按照相同的思路和方法来进行计算。如果没有条件对每个区域进行研究，可选择具有典型性和代表性的区域，通过研究分析后确定一个适用于较大范围的设计标准。另外，如果时间、技术和资金条件较好，并且能获取足够的基础数据和资料，建议进行系统、深入的模拟（综合模拟水量、水质）和动态模拟（结合泵站、调蓄池的实际运行），以提高结果的准确率。

对于不具备建立模型的区域，可采用统计计算方法、设计规范中的计算公式等方法作为参考，或参考相关城市的模拟结果或实际运行结果，但需结合城市自身条件分析研究后确定，应避免直接应用某个计算公式或设计参数来进行设计。需要说明的是，我国《室外排水设计规范》GB 50014—2006 中给出的合流制溢流调蓄池规模计算公式的参数取值范围和不确定性较大，如调蓄池进水时间、调蓄池运行期间的截流倍数 $n$ 以及安全系数 $\beta$ 的确定，从而导致计算结果的准确性不足。

# 7.2 影响合流制溢流调蓄池设计规模的关键因素

合流制溢流调蓄池设计调蓄量与控制效果的关系研究只是调蓄池规模确定的一个重要的环节，还与当地降雨特征、旱季污水流量、管道截流能力、土地利用类型、汇水面积等因素密切相关；在工程实践中，调蓄池规模的确定还要考虑合流制溢流控制目标、污水处理厂处理能力、场地空间条件和投资等因素；而调蓄池控制效率的提高（尤其是污染物去除率的提高）不仅依赖于合理设计调蓄池的容积，还涉及很多关键因素，如合流制溢流污染物输送规律、调蓄池的布局方式、调蓄池运行模式、实时控制技术等。

## 7.2.1 合流制溢流控制目标

一般而言，合流制溢流污染状况和合流制溢流控制目标直接影响或决定合流制溢流控制措施的规模。发达国家调蓄池规模的设计通常都是根据合流制溢流控制目标来制定的。

发达国家的合流制溢流控制目标包括溢流量、溢流次数削减，溢流污染物总量削减，对某重现期降雨事件的控制，或"合流制污染负荷等同于分流制"，归根到底都是基于让受纳水体水质达到或提升至某一目标。

但是我国许多城市还没有制定明确的合流制溢流控制目标，影响了合流制溢流控制规划方案的制定和调蓄池规模的确定。

## 7.2.2 降雨特征及资料选取

年降雨总量、降雨量分布、降雨强度及雨型等降雨条件与合流制溢流调蓄池的规模设计、运行效率、投资费用密切相关，不同城市降雨特点的不同可能会导致控制设施规模、效果的显著差异。例如早期建设的上海市成都路合流制溢流调蓄池的设计直接参照了德国调蓄池的设计方法和设计参数，但是由于德国月均降雨量差别较小且单场降雨历时较长，属平均型降雨，而上海大部分降雨集中在6～9月份的汛期且暴雨较多，导致成都路调蓄池的实际控制效果与设计目标有一定差距。

降雨资料的收集和选取对调蓄池规模的确定也有较大影响。模拟过程中选择不同年份的降雨数据对于结果可能产生较大影响，尤其是对丰水年和枯水年的模拟结果差异更为显著；降雨资料年限的长短也会明显影响统计结果，例如一些城市可能出现连续多年的旱年或连续多年的丰水年。

### 7.2.3 合流制溢流污染物输送规律

根据作者的相关研究成果，受降雨条件、管道系统特征、管道沉积物状况及截流设施等因素的综合影响，不同研究区域、不同降雨条件、不同污染物指标所监测到的合流制溢流冲刷规律结果差异较大，甚至每个管道系统在不同降雨事件中所表现出的冲刷规律都可能不相同。因此，在制定调蓄池设计方案和选择设计参数时应基于对本区域的监测与研究，或通过科学的把握合流制溢流冲刷规律的本质及特点，而不能随意、简单地基于合流制溢流初期冲刷的假定。不同区域所具有的不同冲刷规律必然会导致调蓄池的控制效果有显著的不同。

合流制系统较大的汇水面积、复杂的管网拓扑结构、大量的管道沉积物及截流设施的设置削弱了合流制溢流的初期冲刷，导致合流制溢流初期冲刷一般不明显，并可能出现"后期冲刷"。如果合流制溢流排放存在明显的初期冲刷，可以通过控制少量初期溢流污水实现较大的污染物控制量，从而提高控制效率；如果初期冲刷不存在或不明显，即溢流污染负荷均匀排放，可近似认为在一定范围内随着调蓄量的增加，溢流污染物削减率呈线性增加；如果溢流过程存在"后期冲刷"，则储存初期溢流污水的运行方式的污染物控制效率会大打折扣。

### 7.2.4 截流倍数

不同城市或研究区域在采取相同的调蓄池设计规模条件下，其控制效果（溢流量削减率等）往往存在较大差异，这可能与合流制系统的旱流污水流量和截流倍数（即截流能力）密切相关。对不同截流倍数、不同调蓄规模下合流制溢流控制效果的研究很有实际意义，研究结论可为正在开展截污工程和建设调蓄池的城市提供指导，根据研究结果结合经济成本分析对增加截流倍数和采取调蓄设施进行比选，得知哪个方案更为经济合理，或者更为合理地选择截流、调蓄规模。

作者对不同截流倍数、设计调蓄量下的年溢流水量削减率分别进行了统计计算和模型模拟，与其他学者相关研究所得的结论类似：由于旱流污水流量与暴雨期间合流污水流量相比较小，截流管道截流的合流污水所占比例较小，因而在有限的范围内增加截流倍数对调蓄池控制效果的提高并不明显，尤其在溢流次数的削减上，增加截流倍数对其影响较小。因此，考虑到实际工程中提高截流倍数的可操作性较差，一般推荐采用沿用现状截流倍数并增加调蓄容积的方式提高合流制系统实际截流标准，以满足污染控制目标。

### 7.2.5　污水处理厂处理能力

合流制溢流调蓄池的作用相当于提高了合流制系统的截流能力，但应注意不能单纯地从增加截流倍数的角度来考虑调蓄池规模设计。由于污水处理厂的调蓄能力和处理能力有限，调蓄池的设计还需要考虑对下游污水处理厂的影响。为避免影响调蓄池的正常运行，一般要保证在下次溢流发生之前将调蓄池的合流污水及时排空（或者就地处理）；如果不能及时排空或者污水处理厂没有能力处理调蓄池排放的合流污水，大量的合流污水就会在污水处理厂外溢流，这样调蓄池并没有起到削减合流制溢流污染物的作用。

因此，为了避免大量的雨天合流污水在污水处理厂外溢流，调蓄池的设计需要考虑下游污水处理厂的处理能力，而污水处理厂自身也需要有能力应对雨天增加的合流污水。可以考虑在污水处理厂附近或通向污水处理厂的截流干管附近建设调蓄池，调蓄储存超过污水处理厂处理能力的合流污水，待雨后将调蓄池储存的合流污水输送到污水处理厂进行处理，充分利用污水处理厂的处理能力，增加污水处理厂利用率和处理量。而污水处理厂附近设置的调蓄池针对的是截流管道中超过污水处理厂处理能力的合流污水，调蓄规模主要根据截流量与污水处理厂处理能力确定。

### 7.2.6　场地空间条件和投资

根据作者在国内城市的相关项目的实践经验，合流制溢流调蓄池的规模设计在很多时候并不是单纯的技术问题，有时甚至取决于政府决心及资金支持等。由于合流制溢流调蓄池的规划建设一般都位于寸土寸金的老城区或中心城区，很难像新城区规划那样提前为调蓄池预留空地，必然面临用地紧张和巨额投资等问题。具体方案中确定调蓄池规模时，需要综合考虑空间条件、资金情况以及控制目标进行合理选择。理论上，调蓄容积越大，对溢流量和溢流污染负荷的削减率会越高，但是同时还应考虑削减率提高的速率以及调蓄池的工程造价问题。

# 7.3 影响合流制溢流调蓄池控制效率的关键因素

## 7.3.1 调蓄池布局方式

调蓄池的布局方式（末端 / 中间，集中 / 分散，在线 / 离线等）与合流制溢流控制效率密切相关，此外，不同位置的调蓄池所发挥的作用（污染控制 / 洪涝控制）及其效果也不同。

合流制区域可能也存在严重的内涝问题，而内涝问题与污染问题通常相互交织并相互影响，这种情况下调蓄池的设计就需要综合考虑合流制溢流控制与内涝控制。根据控制目标和空间条件等情况，调蓄池可设置在合流制系统的末端或中间。末端调蓄池一般主要用于合流制溢流控制，对提高系统的排水标准和改善管网运行状况的作用不大；而用于提高系统下游排水标准的调蓄池一般设置在系统的上游或中间，可解决管网系统超负荷运行状况，通过对调蓄池的水进行处理或雨后将其输送到污水处理厂，中间调蓄池对合流制溢流控制也能发挥一定作用。如果能在雨后对调蓄池存贮的合流污水进行处理回用，中间调蓄池和末端调蓄池均可起到雨水收集利用的作用。

末端调蓄池一般需要集中设置，通常由于体积较大而选址困难，但运行管理相对容易；和末端调蓄池相比，中间调蓄池可灵活分散地设置，选址相对容易，但是增加了操作管理难度，对排水系统的运行管理提出了更高的要求。

离线调蓄池便于运行设置和调控，但管线相对复杂，在线调蓄池一般位于系统中间，能同时起到削减污染和防涝的作用。调蓄池的污染控制效率还跟合流制溢流冲刷规律和调蓄池布置方式有关，相关研究得出，对于存在初期冲刷的区域，离线式调蓄池比在线式效率更高，不存在初期冲刷的区域，在线式调蓄池效率更高。

## 7.3.2 调蓄池运行模式

由于调蓄池的规模有限，当溢流量较大时调蓄池只能存贮一部分溢流污水，而调蓄池的核心目标是削减溢流污染物而不是削减溢流水量，因此调蓄池的运行方式（及时排空、在线监测、实时控制、增加沉淀处理等）对合流制溢流的控制效果有很大的影响。

调蓄池未及时启动运行，以及调蓄池未及时放空，通常会导致部分溢流事件中调蓄池无法使用，从而降低调蓄池的运行效率，因而应科学调度和运行调蓄池，尽量避免这种状况的出现。

对于一些具备监测条件，并且通过持续的监测与研究容易观测到比较明显的初期冲刷的区域，可通过重点控制溢流初期的合流污水以实现较好的控制效果。许多区域监测到合流制溢流初期冲刷不明显或者不经常出现，为了提高合流制溢流控制效率，可采取水质在线监测、实时控制等技术，有效捕捉、储存和处理污染物浓度较高时段的溢流污水，如采用紫外－可见光谱在线监测合流制溢流，并根据实时监测数据控制调蓄池，或通过监测溢流污水浊度实时控制调蓄池的运行以提高合流制溢流污染物削减率。

一些学者针对排水系统雨天出流的特性提出了调蓄池优化选择的策略：对于存在一定初期冲刷且沉降性能差的排水系统采用线外式存贮池，储存初期溢流以削减污染负荷；而对于基本无初期效应、出流中污染物沉降性能好的排水系统采用存贮－沉淀池，以沉淀和存贮相结合的方式达到较好的污染控制效果。

# 7.4　合流制溢流调蓄池规模设计计算案例

## 7.4.1　长历时模型模拟计算法

### 1. 研究区域概况

以我国北方某城市为例，为减少雨天排入受纳水体的合流制溢流污染，计划在旧城合流制区域建设多座合流制溢流调蓄池，拟建龙潭泵站调蓄池的位置选择在汇水区下游的溢流口附近。如图 7-1 所示为龙潭泵站汇水区范围及水力模型示意图。

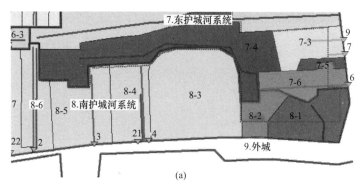

(a)

图 7-1　龙潭泵站汇水区范围及水力模型示意图（一）

(a) 汇水范围；

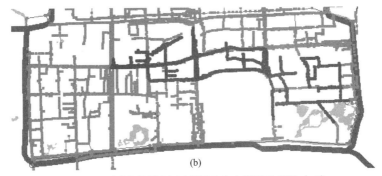

(b)

图 7-1　龙潭泵站汇水区范围及水力模型示意图（二）

（b）水力模型（红色部分为汇水范围内的管线与节点）

龙潭泵站汇水区范围包括 7-3、7-4、7-5、7-6、8-1 和 8-2 共 6 个子汇水区（图 7-1），计划将龙潭泵站汇水范围内的雨天合流污水集中到龙潭泵站调蓄池进行调蓄，超过调蓄池容积的合流污水则直接溢流进入水体。表 7-2 为龙潭泵站调蓄池汇水区域的相关信息。

龙潭泵站汇水区相关信息

表 7-2

| 流域信息 | 子汇水区编号 | | | | | | 总和 |
|---|---|---|---|---|---|---|---|
| | 7-3 | 7-4 | 7-5 | 7-6 | 8-1 | 8-2 | |
| 流域面积（hm²） | 80.25 | 290.92 | 39.72 | 48.40 | 118.21 | 33.12 | 610.62 |
| 纳入调蓄池汇水范围的比例 | 约80% | 100% | 约60% | 约80% | 约50% | 约30% | —— |
| 纳入调蓄池汇水范围的面积（hm²） | 64.20 | 290.92 | 23.83 | 38.72 | 59.11 | 9.94 | 486.71 |

### 2. 模拟方法及模拟结果

以龙潭泵站汇水区为例，通过水力模型（InfoWorks）模拟分析合流制调蓄池的设计规模与控制效果。模拟方法为根据历史降雨记录进行长历时模拟，对连续实际降雨条件下的溢流状况进行统计分析。

根据现有资料情况，使用典型降雨年（2011 年）研究区域内某雨量监测站 6～8 月份的实际降雨数据对研究区域进行模拟，分析研究区域末端管道溢流情况。若以 4h 作为划分两场降雨的最小时间间隔，单场降雨量小于 0.5mm 的降雨忽略不计，得出典型降雨年 6～8 月研究区域共有 28 场降雨，总降雨量为 546.5mm，较接近多年平均值，具有典型性和代表性。对降雨数据进行整理，选择场降雨量超过 1mm 的降雨事件代入模型进行运算（共 23 场）；根据模型中合流干管的旱流污水量和截流倍数，假定每次超过截流管截流能力的合流污水均先进入调蓄池，直到调蓄池蓄满后再发生溢流，并且调蓄池可以及时排空不影响下次使用。

如图 7-2 所示为典型降雨年汛期研究区域末端合流制溢流口长历时降雨模拟结果。

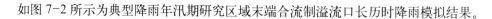
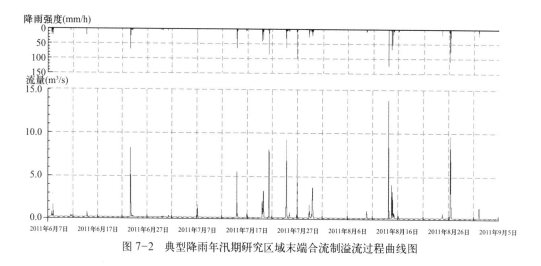

图 7-2 典型降雨年汛期研究区域末端合流制溢流过程曲线图

### 3. 模拟结果分析

根据溢流统计结果，输入模型的 23 场降雨中共有 18 场降雨发生溢流，其中部分降雨场次中发生多次间断溢流，统计中按 1 次溢流事件计算。

不同设计调蓄规模的实际控制效果如表 7-3 所示。由表 7-3 中数据可以看出，设计调蓄量取 10~15mm 时，溢流量削减率可达到 68%~85%，溢流次数可削减至 4~7 次，建议采用该设计值。

**不同设计调蓄规模下合流制溢流调蓄池控制效果**　　　　表 7-3

| 设计调蓄量（mm） | 控制效果 | | | | |
|---|---|---|---|---|---|
| | 溢流量削减 | | | 溢流次数削减 | |
| | 体积（m³） | 对应降雨量（mm） | 削减比例 | 次 | 削减比例 |
| 2 | 90155 | 28.5 | 18.8% | 8 | 44.4% |
| 4 | 153427 | 48.5 | 32% | 8 | 44.4% |
| 6 | 216699 | 68.5 | 45.3% | 8 | 44.4% |
| 8 | 274893 | 86.9 | 57.4% | 9 | 50% |
| 10 | 328801 | 103.9 | 68.7% | 11 | 55.6% |

续表

| 设计调蓄量（mm） | 控制效果 | | | | |
|---|---|---|---|---|---|
| | 溢流量削减 | | | 溢流次数削减 | |
| | 体积（m³） | 对应降雨量（mm） | 削减比例 | 次 | 削减比例 |
| 15 | 405793 | 128.3 | 84.7% | 14 | 77.8% |
| 20 | 457799 | 144.7 | 95.6% | 17 | 94.4% |
| 25 | 473617 | 149.7 | 98.9% | 17 | 94.4% |
| 30 | 478876 | 151.4 | 100% | 18 | 100% |

## 7.4.2 截流倍数计算法

以我国西南地区某城市为例，该城市的合流制溢流控制方案选择了比较成熟和有效的调蓄池建设方案。针对 3 个合流制排水片区的 3 处主要溢流口，规划通过设置调蓄池收集溢流雨污混合水，雨后将储存的污水输送到污水处理厂进行处理。规划建设合流制溢流调蓄池位置及汇水范围如图 7-3 所示。

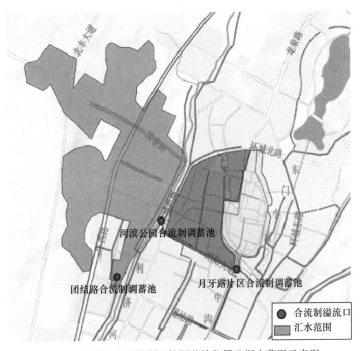

图 7-3 规划建设合流制溢流调蓄池位置及汇水范围示意图

按照截流位数计算法计算调蓄池设计规模，计算公式及计算过程如下：

$$V = 3600t_i(n - n_0)Q_{dr}\beta \qquad (7-2)$$

式中　$V$——调蓄池有效容积，$m^3$；

　　　$t_i$——调蓄池进水时间，h，由于合流制排水系统复杂，溢流事件初期效应不明显，本次计算取上限 1h；

　　　$n$——调蓄池建成运行后的截流倍数，根据《室外排水设计标准》GB 50014—2021，合流制系统截流倍数宜为 2～5，本次计算取 5；

　　　$n_0$——系统原截流倍数，根据现状旱季及雨季污水量实际情况，计算得出现状合流制系统截流倍数约为 0.5；

　　　$Q_{dr}$——截流井以前的旱流污水量，$m^3/s$，根据溢流口汇水面积及单位面积污水量进行计算；

　　　$\beta$——安全系数，可取 1.1～1.5，本次计算取 1.5。

单位面积污水量根据现状城区污水总量及城镇建设用地面积计算得出，城区平均约为 0.08$m^3/$（$s \cdot km^2$），考虑到老旧城区人口和建设密度较大，其单位面积污水量乘以 2～3 倍的系数。根据截流倍数计算法计算 3 个合流制片区调蓄池容积如表 7-4 所示。

**截流倍数计算法调蓄池容积计算过程表**　　　　　表 7-4

| 溢流口 | 汇水范围（$km^2$） | 调蓄池进水时间（h） | 调蓄池运行期间截流倍数 | 单位面积污水量 [$m^3/$（$s \cdot km^2$）] | 安全系数 | 调蓄池体积（$m^3$） |
|---|---|---|---|---|---|---|
| 月牙路 | 0.7 | 1 | 5 | 0.24 | 1.5 | 4000～5000 |
| 龙韵雅苑 | 3 | 1 | 5 | 0.12 | 1.5 | 8000～9000 |
| 河滨公园 | 1 | 1 | 5 | 0.24 | 1.5 | 5000～6000 |

### 7.4.3　实测数据统计分析法

同样以 7.4.2 节所述合流制系统为例，由于前述 3 个计划建设调蓄池的溢流口中仅有滨河公园溢流口有实测溢流量数据，因此以滨河公园溢流口为例，对溢流口多年实际溢流数据进行统计分析。得出采取不同调蓄规模下对应的溢流场次及溢流量削减比例，统计结果如图 7-4 所示。

根据河滨公园溢流口调蓄容积设计计算曲线图，结合河道水环境质量及溢流口周边现场条件，河滨公园溢流口调蓄规模取 6000m³，对应溢流污染物削减率为 60%。

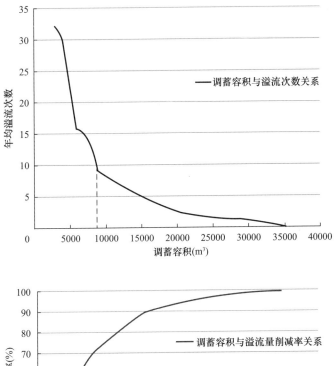

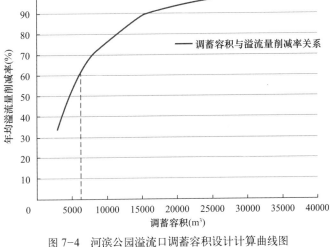

图 7-4 河滨公园溢流口调蓄容积设计计算曲线图

# 7.5 小　结

（1）本章节通过查阅文献，总结了美国、德国、日本、意大利等发达国家普遍采用的合流制溢流调蓄池设计思路、设计方法或计算公式，并对各种设计思路和方法进行了评价和分析。根据本研究结果推荐我国城市采用长历时模拟方法，通过模拟多年或某典型年的全年实际降雨得出调蓄池设计规模与控制效率的关系，再结合当地条件进行系统决策和规划，对合流制溢流控制目标、资金、场地空间等各方面因素进行综合分析后确定调蓄池容积。

（2）总结了影响合流制溢流调蓄池规模设计和污染物控制效率提高的主要因素，包括合流制溢流控制目标、降雨特征及降雨资料的选取、合流制溢流污染物输送规律、截流倍数、污水处理厂处理能力、场地空间条件和投资，以及调蓄池的布局方式和运行模式等；分析了每个要素的主要特点、作用原理及国内外相关研究成果。

# 第8章 深隧工程的应用和规划设计

为有效解决洪涝及合流制溢流污染等问题，国内外城市纷纷投入大量资金对原有排水系统进行改造完善。但是受空间条件、拆迁困难、交通影响、施工周期、资金等诸多因素的制约，排水系统全面升级改造的难度巨大，尤其是老城区或城市核心地区，许多雨洪控制措施难以快速和大范围实施，想在短期内全面大幅度提高城市防洪排涝和合流制溢流控制的标准非常困难。

深隧工程作为一种有效的大规模雨洪控制措施，在许多发达国家城市得到了应用，通过建设深隧工程来收集、存贮和转移现有排水系统无法应对的大量雨水径流或合流制溢流污水，有效地缓解了城区洪涝及合流制溢流污染问题。用于控制洪涝和合流制溢流的深隧工程已经有许多应用案例，部分城市从20世纪70年代到80年代即开始建设，如1975年开建的芝加哥深隧工程和1985年开建的大阪防涝隧道等。

深隧工程可迅速、灵活、高效地缓解城市局部洪涝及合流制溢流污染问题，由于深隧工程多建于深层地下，避免了城市地面或浅层地下空间各种因素的影响及和其他基础设施的矛盾，成熟且高效率的现代化地下盾构等施工技术为这种深层隧道的应用提供了有力的支撑。但由于工程量大、投资高，首先应考虑其适用条件。一般而言，在溢流口较多且密集、溢流水量大，易涝积水点多而密集且积水严重，传统的地面及地下排放、存贮设施不具备空间条件或难以快速奏效等条件下，深隧工程不失为一种良好的选择方案。

深隧工程在城市洪涝控制和合流制溢流控制中效果显著，我国部分城市已经开展了相关研究和讨论，但在其规划设计、方案比选和科学决策等重大问题上仍面临很多困惑。本章节总结和概括了国内外城市深隧工程的建设目的与投资效益，深隧工程的规划设计方法和不同类型深隧工程的设计要点，深隧工程的优越性、局限性和方案比选，以及深隧工程的科学决策等问题，分别针对以上各方面结合我国各城市的实际进行分析讨论并提出建议，为我国各城市科学地借鉴国内外经验，更加经济高效地解决洪涝及合流制溢流污染问题提供参考。

# 8.1 深隧工程的分类

各城市在进行深隧工程规划建设的决策之前，首先要明确在什么条件下，针对什么目标，适合采用什么样的深隧工程。依据具体条件、功能和运行方式等的不同，深隧工程有不同的类型。

根据功能和控制目的，可将深隧工程分为污染控制、洪涝控制和多功能三种，不同种类的深隧工程，其技术路线、设计方法、建设规模、衔接关系及上游和下游出路等都会不同。

以污染控制为目的的深隧工程通常也称为存贮隧道（Storage Tunnel）或合流制溢流存贮隧道（CSO Storage Tunnel），多应用于老城区合流制区域，部分延伸到新城区，其主要作用是收集超过截流管道截流能力的合流制溢流污水，少数情况下兼顾收集分流制雨水径流，如南波士顿合流制溢流存贮隧道，在隧道末端就地处理或输送至污水处理厂处理后外排。这类深隧工程一般都沿溢流口设置，平行于截流干管、河流或海岸线，可有效地将多个溢流口串联起来，典型的如悉尼存贮隧道，其作用类似于一个较大的截流管道和调蓄池。由于这种深隧工程多位于排水系统下游，仅用来储存和处理超过截流管能力的合流制溢流污水，因而通常很难或不能解决上游汇水区域的积水问题。

以洪涝控制为目的的深隧工程根据场地、径流排放及运行条件，具体又可分为防涝隧道和排洪隧道，前者主要收集、调蓄超过现有排水管道或泵站排水能力的雨水径流，后者主要截流、接纳上游洪水或超过河道输送能力的洪水并排放，下游出路一般为河流或其他接纳水体。这种深隧工程通常沿积水区域主干街道布置，集中解决积水区域的水涝，典型的如大阪防涝隧道；或沿主径流垂直方向布置，通过截流上游山洪或河道洪水，从而降低下游区域洪涝风险，典型的如港岛西雨水排放隧道和东京外围排放隧道。

在一些城市，受河道断面局限及竖向条件等因素影响，内涝的产生还常与河道排洪能力不足及下游洪水位顶托密切相关，在这种情况下的深隧工程多平行于河道设置，或位于河道的正下方，以解决河道排水能力不足且难以扩大的问题，典型的如沃勒河排洪隧道。国内城市如北京、广州等都考虑将部分隧道建在河道的下面，即针对这种情况。

此外，还有一类多功能深隧工程，即通过合理地设计和调整运行方式，可以实现洪涝控制、污染控制、交通等多种功能的兼顾。例如在合流制排水系统中，除了要控制合流制溢流污染外，还要兼顾内涝防治，因此不仅在隧道的位置、规模方面要综合考虑，还需将现有管道系统、溢流口、积水区域与隧道进行合理衔接，最大限度地缓解内涝和污染，典型的如芝加哥深隧工程；吉隆坡的"精明隧道"则将高速公路隧道与排洪隧道进行组合设计，实现洪涝控制与交通功能的结合。

如表 8-1 所示为典型深隧工程建设信息。

典型深隧工程建设信息表 表 8-1

| 主要功能 | 工程名称（城市） | | 隧道规模（长度 $L$、直径 $D$、埋深 $H$） | 工程投资（美元） | 建设时期 |
|---|---|---|---|---|---|
| 洪涝控制 | the Waller Creek Tunnel Project（奥斯汀） | | $L$=1.7km，$D$=6.2～8.1m，$H$=24m | 1.47 亿 | 2011 年～2014 年 |
| | Naniwa Grand Floodway（大阪） | | $L$=12.2km，$D$=3.5～6.5m，$H$=40m | — | 1985 年～2000 年 |
| | Japan's G-Cans Project（东京） | | $L$=6.5km，$D$=10.6m，$H$=50m | 20 亿 | 1992 年～2009 年 |
| | Hong Kong West Drainage Tunnel（香港） | | $L$=11km，$D$=6.25～7.25m | 34 亿（港币） | 2007 年～2012 年 |
| 污染控制 | Northside Storage Tunnel（悉尼） | | $L$=20km，$D$=3.8～6.6m，$H$=40～100m | 4.66 亿 | 1998 年～2001 年 |
| | Indianapolis Tunnel Storage System（印第安纳波利斯） | 一期 | $L$=12.9km，$D$=5.5m，$H$=76.2m | 1.79 亿 | 2011 年～2017 年 |
| | | 二期 | $L$=13.8km，$D$=5.5m，$H$=61.0m | 3.89 亿 | 2016 年～2025 年 |
| | North Dorchester Bay Storage Tunnel and Related Facilities（波士顿） | | $L$=3.3km，$D$=5.2m，$H$=9.1～15.2m | 2.37 亿 | 2007 年～2011 年 |
| | West Area CSO Storage Tunnel Project（亚特兰大） | | $L$=13.7km，$D$=7.9m，$H$=38.1～91.4m | 2.86 亿 | 2003 年～2007 年 |
| | Thames Tideway Tunnels Scheme（伦敦） | | $L$=35km，$D$=7.2m，$H$=40～80m | 41 亿 | 2015 年～2023 年 |
| | East Side CSO Tunnel（波特兰） | | $L$=9.7km，$D$=6.7m，$H$=30.8～45.7m | 4.26 亿 | 2007 年～2012 年 |
| | Upper Rogue Tunnel（底特律） | | $L$=10.4km，$D$=9.1m，$H$=48.8m | 3.16 亿 | 2009 年项目取消 |
| 多功能 | Chicago's Tunnel and Reservoir Plan Ⅰ（芝加哥） | | $L$=175km，$D$=2.4～10m，$H$=20～100m | 40 亿 | 1975 年～2006 年 |
| | Chicago's Tunnel and Reservoir Plan Ⅱ（芝加哥） | | | | 1990 年～2029 年 |
| | Kuala Lumpur Smart Tunnel（吉隆坡） | | $L$=9.7km，$D$=13.2m | 5.15 亿 | 2003 年～2007 年 |

根据搜集到的案例资料可知，在发达国家或地区的城市中污染控制深隧工程的应用更

为广泛，在已建设和规划建设的深隧工程中，污染控制深隧工程占 75% 以上。表 8-1 的数据还显示，深隧工程规模和耗资巨大，每个深隧工程因建设场地、地质条件、施工方法和地下水位等特征的不同投入的建设费用差异也很大。单位长度（1km）、单位直径（1m）的深隧工程建设费用大约为 250 万～1380 万美元。高昂的费用令一些城市难以承受，如底特律市由于难以负担建设深隧工程的高额投资而放弃该方案；深隧工程的建设周期至少需要 3～5 年，有的甚至长达一二十年，芝加哥深隧工程的建设则用了 30 多年。

根据深隧工程的运行方式还可将深隧工程分为调蓄式和直接排放式，前者根据污染或洪涝控制的不同目的又分为调蓄 - 处理式和调蓄 - 排放式两种，它们的设计方法也有很大不同。以污染控制为目的的深隧工程为调蓄 - 处理式，即存贮溢流污水后就地处理或转移至污水处理厂进行处理；用于洪涝控制的深隧工程根据具体控制目标、竖向地形条件及接纳水体等特征的不同，则有直接排放式和调蓄 - 排放式两种运行方式。如港岛西雨水排放隧道截流山洪并通过重力作用直接排放至海洋，这类深隧工程拓宽或开辟了新的排水通道，且下游水体水位影响较小。而调蓄 - 排放式深隧工程通常埋深较大，且末端接纳水体的排水能力不足，为防止局部地区或整个流域发生洪涝灾害或对上游排水系统造成顶托，待峰流量过后或水位下降，通过泵抽，将调蓄的雨水缓慢排放至接纳水体。

# 8.2　深隧工程的构造与运行

深隧工程通常由主隧道、衔接设施、通风系统、出口设施和控制中心等部分组成。衔接设施一般包括进水口结构、竖井、垂直弯头和连接隧道（图 8-1）；出口设施通常包括末端排水泵站，污染控制深隧工程系统中的出口设施还包括处理设施。此外，深隧工程系统还可能包括底泥冲洗和排除等辅助设施。

主隧道的设计是深隧工程系统设计中最重要的内容，技术路线如前所述取决于控制目的和排水系统特征等多种条件，其规模一般通过模拟分析来确定，深隧工程系统布局及与原有排水系统的合理衔接直接影响深隧工程的功能和投资效益。

衔接设施是连接现有管道系统、地面设施、溢流口、积水点和主隧道的配套设施。其中，竖井也能够储存一定量的雨水或雨污混合水，其直径大小可根据溢流量、积水量或进水量、隧道运行方式等合理设计，竖井中的储存量经弯头和连接隧道引流至主隧道。

通风系统往往与衔接设施结合，为隧道系统注入新鲜空气或排除经处理的臭气，是隧道系统安全运行和维护的必要条件。

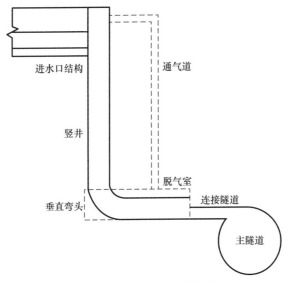

图 8-1 深隧工程衔接设施构造示意图

末端泵站的规模根据功能、运行方式、效果要求等进行设计，设计流量的选择将影响整个系统工程的规模和建设费用。对于防涝、排洪隧道，需按照排水要求设计泵站规模；用于污染控制的存贮隧道，依据是应在合理时间内将隧道内设计存贮量转移至污水处理厂，以及污水处理厂规模来设计泵站流量，以防污染物静置时间过长而大量沉淀，给系统后续运行维护带来困难。

根据场地、污水处理厂和经济条件，污染控制隧道系统可选择将雨、污水就地处理或输送至远处污水处理厂处理，前者需要进行专门设计，后者则需考虑存贮的雨、污水水质和水量特点，以及现有污水处理厂规模和工艺的匹配和调整。

隧道沉淀物的冲洗和清除也是一个重要问题，直接影响隧道的正常运行和效益发挥。

控制中心对隧道系统所有的连接点和泵站实行 24h 监测，操作人员追踪、监测、报告所有的实时数据，及时评价系统运行状况并适时做出调控。

# 8.3 典型应用案例

## 8.3.1 污染控制深隧工程

发达国家或地区经验表明，污染控制深隧工程应用广泛，而且主要用于合流制溢流控制。

悉尼市北部郊区沿海排水系统（The Northern Suburbs Ocean Outfall System）服务于悉尼市西北部约 416km² 的社区，早期用于将生活污水直接排放至海洋，后经几次改造，将生活污水输送至北方污水处理厂（North Head Wastewater Treatment Plant）进行一级处理，但由于污水管渠破损及雨水管路的不合理连接，大量雨水渗入污水管渠造成溢流排放，悉尼港遭受严重污染。因此，悉尼市沿郊区现有排水系统修建了大型的存贮隧道（Northside Storage Tunnel），主要包括主隧道、溢流口、污水处理厂、通风系统、控制中心等主要组成部分，如图 8-2 所示，莱茵湾至污水处理厂段是主隧道，唐柯公园至斯考特溪段是支路隧道，隧道将莱茵湾、斯考特溪、唐柯公园、贵格汇海湾、谢利海滩等主要的溢流口和污水处理厂连接起来，同时对现有排水泵站和污水处理厂进行升级改造且修建新的排水泵站，提高了整个系统的运行效率。

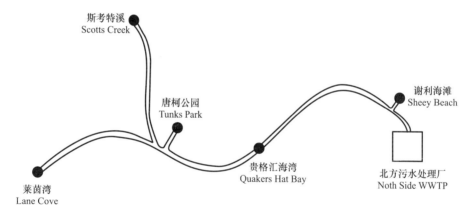

图 8-2　悉尼北部隧道系统示意图

该隧道的运行模式可分为：备用、雨天运行、隧道维护和污水处理厂旁路跨越四种模式。

绝大部分非降雨时段内隧道都处于备用模式，即保持空置状态。雨天运行模式又体现为流过模式，即通过合理设计及运行，使得溢流污水首先注满隧道，之后的溢流量会继续进入隧道并替换之前存贮的水量，使之前的存贮量在末端的溢出位置排出或转移至污水处理厂处理后排放，泵站持续运行直至隧道恢复到空置状态。末端排水泵站规模的设计依据隧道的规模即雨、污水的设计存贮量，针对当地 70%～80% 的降雨事件，该泵站可在 2.5～6h 内将隧道抽空。根据降雨的大小和时间，一次降雨过程中，主隧道可能会经历多次"注满—溢流—置空"的过程,如图8-3所示为系统示意图。隧道维护模式即对隧道地下设施定期检查、维护,对溢流口的地表设施进行日常维护,以及对隧道沉积物的及时冲洗、转移。当污水处理厂设备发生故障或定期维护时,为防止污水直接排入受纳水体,将污水分流至存贮隧道,形成污水处理厂的旁路跨越模式。

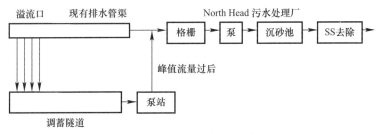

图8-3　隧道系统雨天运行方式

如表8-2所示为隧道系统从2000年局部运行后截至2013年1月,主要的溢流口累积截获的溢流污水量。

主要溢流口累计截获的溢流污水量　　　　　　　　表8-2

| 溢流口 | 莱茵湾<br>Lane Cove | 斯考特溪<br>Scotts Creek | 唐柯公园<br>Tunks Park | 贵格汇海湾<br>Quakers Hat Bay | 谢利海滩<br>Sheey Beach | 总计 |
|---|---|---|---|---|---|---|
| 累积截获量<br>(万 m³) | 2842 | 1105 | 1513 | 335 | 409 | 6204 |

除此之外,亚特兰大、波士顿、波特兰、多伦多、印第安纳波利斯等城市也修建或规划修建存贮隧道来控制合流制溢流污染,减少径流污染负荷对受纳水体的冲击。

## 8.3.2　洪涝控制深隧工程

深隧工程作为一种大规模的洪涝控制措施,直接排放式或调蓄-排放式,都能够明显提高城区排洪和防涝标准,对局部区域洪涝防治见效较快。

### 1.香港港岛西雨水排放隧道

香港地形特征是山多平地少,山洪是导致城市内涝的主要原因之一。港岛北部城区地势低洼,且受气候条件、城市快速发展及排水管道老化等因素影响,极易发生内涝灾害。为了减少内涝带来的严重影响和经济损失,香港渠务署早期开展了"香港岛北雨水排放整体计划研究",对"传统雨水系统扩大及改善工程""蓄洪计划""雨水截流隧道"等多个方案加以严格论证，综合考虑土地、环境、交通、地下空间、投资等因素后采用了隧道截流的方案，即在半山修建港岛西雨水排放隧道。

该工程在港岛半山修建多个进水口、竖井和连接隧道，将半山汇水区的雨水截流，经主隧道排入数码港附近的海域，极大地缓解了下游城区的内涝风险，相对其他隧道埋深较大、一般需要提升排放的特点，港岛西雨水排放隧道可利用自身竖向条件重力排水，节省能耗。这类拓宽或开辟新的上游汇水区排水通道、提高排水标准的隧道类似于新建尺寸较大的雨水干管，是一种典型的直接排放式隧道。除此之外，香港还在西九龙、荃湾地区修建了荔枝角雨水排放隧道、荃湾雨水排放隧道用来截流山洪。

### 2. 沃勒河排洪隧道

沃勒河（Waller Creek）流域包含两个子流域：一个是奥斯汀市城区第十二街道上游地势较高区域，面积约为 $13.1km^2$；另一个是第十二街道下游低势区域，面积约为 $1.6km^2$，两个子流域都位于奥斯汀市中心。过去几十年内，沃勒河流域曾多次发生严重的洪涝灾害。

沃勒河排洪隧道位于市中心的下游商业区，沿着沃勒河修建，贯穿第一至第十二街道，由入口设施、侧堰设施、隧道主体和出口设施四部分组成。入口设施设置在上游子流域末端滑铁卢公园内，从沃勒河上游河段接纳及转移85%的洪水，经粗滤后输送至出口设施。两组侧堰设施分别位于第四和第八街道，吸纳下游河段水位超高的洪水，约占总量的15%，出口设施与湖泊直接相连而没有设置水处理设施。建成后，沃勒河排洪隧道能够将流域百年一遇的洪水转移至鸟湖（Lady Bird Lake）。

该深隧工程主要为了控制雨季洪水，直接以削减河道洪峰流量为目的，间接则防治城区内涝。水质控制仅限于截留、滤除和沉淀一些颗粒污染物。隧道系统的运行方式如图 8-4 所示，降雨时，雨水通过隧道缓慢排入湖泊，较大的颗粒物被截留在入口处，小颗粒物在隧道内被滤除或沉淀，通过日常的维护加以清除；晴天时，湖水经隧道被反向抽至沃勒河中，以维持河流的生态稳定，缓解部分河段缺水问题。

此外，大阪市也修建了多条深隧工程来应对城区内涝问题，虽效果明显，但施工周期长，投资费用高且不能彻底解决城区所有内涝问题，因此，大阪市并非完全依赖防涝隧道，而是采用生物滞留设施、雨水储存池、排水泵站升级等综合措施来解决城区的内涝问题。

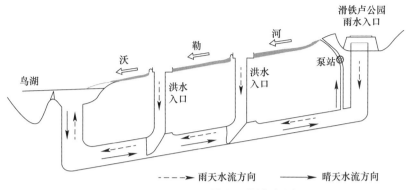

图 8-4 奥斯汀沃勒河排洪隧道断面示意图

### 8.3.3 多功能深隧工程

另一类深隧工程是针对城市洪涝、径流污染、交通拥堵等多重问题，通过合理的设计和运行调度，实现多目标控制，从而节约投资、节省占地，实现隧道综合效益的最大化。

#### 1. 吉隆坡"精明隧道"

吉隆坡市中心的巴生河河段经常发生洪涝灾害，导致周边城区受淹，交通拥堵。自修建"精明隧道"后，当地洪涝和交通问题得到有效缓解，如 2009 年 3 月的一场强降雨导致吉隆坡太子世界贸易中心及周边城区发生严重的内涝事件，然而，"精明隧道"从汇水区转移了 70 万 $m^3$ 的洪水，使其服务区域免遭洪涝灾害。

"精明隧道"系统是由最底层的永久排水层和双层高速公路隧道构成的三层结构，其中最底层隧道长 9.7km，可将上游洪水转移至旁路隧道临时储存后排入郊外下游水库，减缓了河水倒灌及关键路段积水严重的现象；高速公路隧道总长为 4km，连接了南部关口（South Gateway）和市中心，极大缩短了两地的通行时间，缓解了高峰时刻交通拥堵的现象。隧道每隔 1km 设置通风系统或逃生井，保证高速公路通风良好及突发暴雨时人员的安全。

如图 8-5 所示，隧道共有三种运行模式：第一种模式是在天晴或降雨较小时，双层高速公路隧道正常通车；正常降雨情况下，运行第二种模式，关闭下层的高速公路用作排水通道，隧道顶层的高速公路仍处于通行状态；遭遇特大暴雨时，运行第三种模式，高速公路隧道全部关闭，通过自动控制闸门，让暴雨通过，洪水过后再重新开放高速公路。

#### 2. 芝加哥深隧工程和大型调蓄池

芝加哥及周边城区长期遭受排水问题的困扰，合流制溢流造成密歇根湖水体污染，同时城区内涝灾害严重。为此，芝加哥市在城市河道下方及地表分别修建深层隧道和大型调

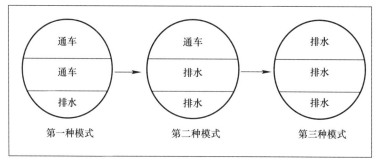

图 8-5　吉隆坡"精明隧道"运行模式示意图

蓄设施。因投资预算巨大，项目分为一、二期两个阶段施工，一期项目主要完成四条主隧道以及配套设施的施工，通过合理设计竖井的尺寸，使得隧道一旦注满，额外流量将绕过隧道超越排放，以此捕获初期的合流制溢流污水，并输送至污水处理厂进行深度处理。截至项目完工，隧道系统已存贮－处理了约 870 万 $m^3$ 的溢流雨污混合水。因隧道容积有限，为了提供更大的调蓄空间，因此开展二期项目，即修建大型调蓄池、支路隧道及配套设施，主要目的是减少城区内涝灾害，同时兼顾合流制溢流控制，深隧工程将拦截的雨、污水转移至地表调蓄池，河道洪水减退后输送至污水处理厂。目前，投入运行的部分设施已有效控制城区内涝风险和合流制溢流污染。

# 8.4　深隧工程的建设动机与投资效益

## 8.4.1　法规约束与控制目标

在许多发达国家，相关法律和规范的强制性约束促使城市规划和管理者思考如何科学合理、经济高效地解决合流制溢流污染和洪涝问题，经过长期研究、探索和多方案比选，许多城市选择深隧工程作为重要的解决方案之一。

### 1. 合流制溢流控制方面

在欧美发达国家，深隧工程主要用于合流制区域的合流制溢流控制。国家环保部门在研究的基础上通过立法对城市水环境保护和非点源污染控制做了明确的规定和严格的要求，例如美国 1972 年颁布的《清洁水法》（CWA）和欧盟 2000 年颁布的《欧盟水框架指令》（WFD），成为美国和欧洲各国开展相关研究和应用的主要驱动力，促使各城市投入巨额资金用于排水系统升级改造和合流制溢流控制。基于《清洁水法》（CWA）及相关修订法案，美国环境保护局和各州的环保机构要求各城市制定并提交合流制溢流长期控制规划，为了按期达到相应的控制目标和要求，很多城市的合流制溢流长期控制规划中都选择了深隧工程方案；《欧盟水框架指令》（WFD）对欧洲城市水环境质量提出了新的要求，明确提出了许多地表水体水质控制目标，如果违反指令将会承担来自欧盟的巨额罚款风险，正是这部指令及欧盟各国的相关法规促使各国的环保部门制定了合流制溢流控制规划，从而推进了深隧工程的设计和建设。

在发达国家，合流制溢流控制相关的法规、政策和导则在解决合流制溢流污染问题中扮演了非常重要的角色。经过长期的实践和不断地完善，法规约束、政策支持和导则指导已经形成一个完整的合流制溢流控制非工程措施体系，强化了社会对合流制溢流控制面临挑战的认知，促进了决策者的重视和参与，也推进了合流制溢流控制中深隧工程的规划和实施。

### 2. 洪涝控制方面

在洪涝控制方面，发达国家完善的法规和规范对排水设施的设计、建设与管理起到了约束、指导和规范作用，从而促进了许多深隧工程的应用。例如，为应对严重的洪涝问题，东京市政府于 2007 年依据《下水道法》及相关规范制定了三个防御级别，法国巴黎以《水法》作为法律依据制定重点及敏感地区的防洪排涝规划以应对洪涝灾害，这些法规在一定程度上促进了东京和巴黎大型调蓄设施方案的制定。此外，发达国家雨水管理标准体系中包含了两个层次的标准，例如，欧盟国家标准体系中同时规定了管道排水标准和洪涝灾害控制标准，欧盟 EN752 雨水系统的洪涝控制标准为 10～50 年；美国标准体系也明确规定了小暴雨排水标准和大暴雨排水标准，美国 ASCE 雨水系统设计标准的大排水系统标准为 100 年。在一些特定区域，大暴雨排水系统的规划设计中深隧工程能发挥较大作用。

总体而言，发达国家的排水设计标准一般较高，排水基础设施较完善，洪涝问题相对不突出。而许多亚洲国家或地区则往往由于暴雨造成了巨大的生命财产损失而促进了对洪涝问题的重视，例如马来西亚、韩国、中国香港等国家或地区的许多深隧工程的建设都是在发生较大的洪涝灾害之后产生的。

### 3. 我国的相关法律和规范

在城市合流制溢流控制方面，我国许多城市近年来在重要水体水环境治理、黑臭水体治理及海绵城市试点 / 示范建设中实施了大量相关的工程项目。但从全国而言，我国仍缺少完善的法规和科学的控制目标，并且由于各城市发展水平不均衡，城市合流制溢流控制的开展受到较大局限，部分城市在制定规划方案和确定设施规模时也遇到一些困惑。

我国城市的雨水管渠建设标准与发达国家相比普遍偏低，近年来我国在城市排水工程和内涝防治工程相关规范和导则的修编中对城市内涝防治和排水系统升级改造内容不断进行完善，并与发达国家的科学做法相接轨，但未来仍需制定更为完善的法律、政策、规范和导则体系，为更科学地制定规划和选择方案提供支持。

### 8.4.2 投资与效益

#### 1. 深隧工程的资金筹措

深隧工程的建设、运行和维护需要巨额的资金投入，对国内外 30 多个深隧工程的投资进行统计分析，结果显示，由于结构、规模、埋深、地质条件和施工方法等因素的不同，深隧工程方案的造价在 0.5～7.3 亿元（人民币）/ km，平均造价为 2.7 亿元（人民币）/ km。对于我国许多城市尤其经济欠发达的二线、三线城市及大量中小城市，资金缺乏成为排水系统提标改造和深隧工程应用的最重要的限制因素之一。即使是在一线城市，如此巨额的资金也很难承受，因而有必要借鉴国外城市深隧工程的筹资方法。

深隧工程在美国许多城市被采用，除了完善的法律约束和规范指导作用，还与美国经济发达、国家资本雄厚分不开，此外也得益于其利用市场机制的多渠道筹资方法，包括征收雨水费、补贴和激励计划等。例如在洪水控制方面，采取国家主导、商业保险公司参与的洪水保险模式有利于筹集资金和减少灾害费用支出。在合流制溢流控制方面，各城市的合流制溢流长期控制规划资金来源包括本地提供资金、州清洁水循环基金贷款和州赠款，在特殊情况下，国会还会直接为项目拨款；2000 年修订的《清洁水法》（CWA）授权美国环境保护局直接或通过各州为城市的合流制溢流控制规划、设计和建设提供资助，该法案还要求美国环境保护局提供技术援助。

加快城市排水工程建设的关键是加大资金的筹集和投入，与发达国家相比，我国城市排水系统投资最大的问题是资金来源单一，多数情况下仅仅依靠中央财政及地方政府财政支持。因此，一方面我国应借鉴发达国家资金筹集方法，引入市场机制并增加经费来源；另一方面，规划部门还应制定更为科学、严谨的规划方案，这不仅关系到项目能否实现既定的目标，也有利于为项目争取预算资金。

#### 2. 深隧工程的控制效果

虽然投资费用高昂，但深隧工程在实现洪涝控制和合流制溢流控制上一般具有令人信服和满意的控制效果，表 8-3 列举了部分深隧工程的运行或设计控制效果。

部分深隧工程的运行或设计控制效果　　　　　　　　表 8-3

| 类别 | 深隧工程名称（城市） | 控制效果 |
| --- | --- | --- |
| 洪涝控制 | Waller Creek Tunnel（奥斯汀） | 将重现期为 100 年一遇（降雨强度 254mm/d）的洪水转移至下游水体 |
| | The Tokyo Underground River Project（东京） | 有效应对降雨强度为 100mm/h 的暴雨所引发的洪水 |
| | The Tosabori-Tsumori Sewage Tunnel（大阪） | 有效应对重现期为 10 年一遇（降雨强度 60mm/h）的暴雨 |
| | Hong Kong West Drainage Tunnel（香港） | 有效应对重现期为 50 年一遇（降雨强度 70mm/h）的暴雨 |
| 合流制溢流控制 | South Boston CSO Storage Tunnel（波士顿） | 基本消除了溢流进入南波士顿海岸的所有的合流制溢流污染，溢流次数减少到每 5 年溢流 1 次 |
| | Atlanta West Area CSO Storage Tunnel（亚特兰大） | 年均溢流次数减少到 4 次 |
| | Thames Tideway Scheme（伦敦） | 每年减少 3640 万 $m^3$ 溢流量，年均溢流次数减少到 4 次 |
| | Northside Storage Tunnel（悉尼） | 每年减少 1850 万 $m^3$ 溢流量，将 4 个溢流口的溢流次数控制在 10 年共 20 次的范围内 |

## 8.5　深隧工程的规划设计要点

虽然用于深隧工程施工的盾构技术已经比较成熟，但深隧工程的规划设计仍然涉及许多问题，需要大量的研究和技术储备以及多部门的配合参与，从深隧工程方案的提出到方案的实施还有很多艰巨的工作和很长的路。

### 8.5.1　隧道规模及路线设计
#### 1.重要性与设计方法
深隧工程的规模和路线决定了其存贮能力和系统性能，也会影响竖井和盾构的数量和安装位置，这些是深隧工程规划设计的重中之重，对深隧工程的经济性和效果非常重要。例如，随着隧道深度的增加，隧道的竖向结构变得更加复杂，一般会导致工程的投资增大和施工周期增长；隧道和竖井的规模设计要合理，规模偏小会造成溢流量增加，规模偏大导致隧道空间不能有效利用；此外，隧道巨大的抽升、排放能耗和底泥冲洗、清理的困难也是需要特别考虑的重大问题。

一般而言，深隧工程规模和路线的确定需要从技术和现实两方面综合考虑，技术层面通常主要依赖于模型模拟，而现实层面主要考虑客观条件和公众咨询。

**2. 模型设计案例**

深隧工程规模路线的选择和评估依赖于成熟、准确的模型模拟，模拟甚至是项目研究和规划设计的基础。除了排水管网模型，还涉及土壤、水体、水力、水质、溶解氧、气体流动等模型，并需要考虑近远期规划。根据控制目的的不同一般沿水体、溢流口、积水区域或街道设置深隧工程。此外还需要模拟研究操作规则，新建深隧工程与原有系统（检查井、排水干管和支管、溢流口、污水处理厂等）和配套设施（竖井、泵站）的合理衔接，以最大限度地缓解洪涝和污染，部分深隧工程的运行还可包含实时控制技术。通过对溢流频率和体积要求、雨水排放标准及洪涝控制标准等控制目标的评估，并结合费用与效果进行方案比选以确定最终方案。

美国俄亥俄州的哥伦布市在合流制溢流控制规划中选择了深隧工程方案，方案设计阶段建立了排水系统水力模型，并以市中心集水区满足更高层次合流制溢流控制能力为目标，通过模型研究优化隧道尺寸。模型在集水区中执行不同的流量控制方案具有灵活性，通过调整隧道的大小、竖井的数量、连接关系、阀门的设置和泵站的运行等，最终确定的方案节省了 1.03 亿美元成本。

芝加哥市用于缓解合流制溢流污染和减少洪涝灾害的 TARP 计划建设了 103km 的隧道和 3 个大型调蓄池，并将调蓄池与隧道系统相连接。为了评估隧道和调蓄池的有效性，芝加哥市进行了水文、水力和水质模型模拟：水文模型用于流域内降雨径流过程的连续模拟；水力模型对合流制和分流制系统进行了建模，模拟 200 个子区域的管道溢流量和截流到污水处理厂的流量；水质模型模拟了生物需氧量（BOD）、溶解氧（DO）、总悬浮固体（TSS）等指标；此外，还使用模型模拟 258 个竖井的溢流流量，并对 TARP 系统的整体运行进行了模拟，包括调蓄池入口阀门操作、竖井控制阀门操作，以及隧道、调蓄池和污水处理厂之间水量调度的操作。模型输出深隧工程和调蓄池内流量的阶段数据以及调蓄池内的水质数据，为确定方案的有效性、评估合流制溢流和洪涝的控制效果提供了参考。

为了确保能够实现最合理的成本效益，并尽量减少干扰和破坏，泰晤士隧道路线的优化一直是规划设计者的关注重点，因而对河道两岸的排水系统进行了建模，流域和水质模型被用于设计和验证方案效果。模拟结果显示，为了实现溢流次数减少并使水体溶解氧量满足要求，泰晤士隧道方案是非常必要的。模型被用于优化截流竖井和评估可以通过其他方式控制的溢流口数目，并将泰晤士隧道和现有的截流管道进行局部连接，通过这些连接实现充分利用现有管道的能力，从而减少截流竖井的数目和工程量，显著减少整个项目的潜在影响和建设成本。

### 3. 各部门合作与公众咨询

需要注意，深隧工程的规划设计必然会涉及许多非技术性问题。尽管深隧工程位于深层地下，仍然不可避免地要穿过建筑物、桥梁、取水井等公用设施；竖井、溢流口、开挖地点等也势必涉及征地拆迁，噪声、环境影响等；深隧工程的规划还可能与交通规划、河道规划、景观规划等规划冲突，因而需要包括市政府、规划部门、环保部门、交通运输部门、文物保护部门及公安部门等其他相关单位的参与、配合、讨论与协商，或提供相关基础资料。此外，深隧工程的路线选择还需要对公众、社会团体、开发商、土地所有者等进行公众咨询，在一个公平、透明的过程中适当考虑市民的意见和关切。

因此，深隧工程路线的设计除利用模型等技术进行成本效益综合分析外，还需要制定咨询利益相关者和公众的计划。例如2010年伦敦泰晤士隧道项目对当地社区公众、相关部门和其他相关者进行一项为期12周的公众咨询活动，一方面可对公众进行宣传教育、普及知识并征求意见，另一方面也可以增加大家对项目的了解，获取更多的支持和信任。

## 8.5.2 不同类型深隧工程的规划设计要点

深隧工程一般都设置在地下管线复杂、传统雨水排放和存贮设施不具备空间条件以及洪涝或合流制溢流污染问题突出的老城区和城市核心地区。由于深隧工程种类和功能的不同，必须针对不同问题和不同的目的进行深隧工程方案的规划设计，因地制宜选择洪涝控制（作为排水通道或调节设施）、合流制溢流控制（作为存贮设施）或是两者兼顾的运行模式，确定深隧工程的路线、规模和竖井的尺寸。

洪涝控制深隧工程一般适用于积水区域多而密集，洪涝频繁且积水量大，河道泄洪能力不足，并且其他方案难以实施或快速奏效的区域。洪涝控制深隧工程一般沿内涝积水区域布置，或横穿排水区域以截流上游洪水，或位于河道之下以增加河道泄洪能力，根据具体情况可将隧道与部分地表水体及已有调蓄池等相连通。隧道出路设计应选择合理位置、高程及泵站规模以保证顺利排除。北京"7·21"暴雨中郊区洪水和城区内涝的发生都与河道泄洪能力不足密切相关，正在研究中的深隧工程方案即位于河道之下，用于提高河道泄洪能力和减少对雨水管道的顶托作用。沈阳市"排涝干管"的初步方案中，排涝干管沿着主干道路设置，其汇水范围基本覆盖了该区域内所有重要积水路段和积水点，并计划建设配套的泵站。

合流制溢流控制深隧工程一般适用于溢流口较多且密集、溢流水量大，溢流污染严重，并且其他方案难以实施或快速奏效的区域。合流制溢流控制深隧工程一般沿河道和水体布置，收集超过截流管道截流能力的合流制溢流污水并将其输送至污水处理厂处理。深隧工程路线的设计应考虑和污水处理厂、泵站、已有调蓄池的合理衔接。为了达到合流制溢流控制目标和满足水体水质要求，还应考虑对超过隧道存贮能力的合流制溢流污水进行控制和处理，例如哥伦布市合流制溢流控制方案中除了隧道外还建设了合流制溢流高效处理设施，亚特兰大市对超过隧道能力的部分合流制溢流进行消毒和脱氮处理后排入受纳水体。在每个溢流口建设分散的合流制溢流调蓄池会造成较多的空间需求和复杂的拆迁问题，因而可以考虑通过建设隧道将多个溢流口串联起来，例如北京市在制定合流制排水系统改造规划时曾建议沿护城河建设隧道收集合流制溢流的方案。

合流制溢流控制深隧工程除了存贮功能外还具有输送能力，暴雨期间大量的雨污混合水进入隧道从而避免了直接排河，有助于减少河道行洪压力，对洪涝控制有一定的帮助。

### 8.5.3 深隧工程规划设计的注意事项

深隧工程的建设和运行管理是一项非常复杂的系统工程，有许多重大因素需要综合考虑，如表8-4所示。

深隧工程建设需考虑的主要因素　　　　　　　　　　　表8-4

| 类别 | 注意事项 |
| --- | --- |
| 环境影响评价 | 包括隧道施工和运行过程中的噪声、水质、生态、渔业、空气质量、文化遗产、废物管理、景观及视觉影响、生态危害评估、环境检查及审核 |
| 其他管线和设施 | 考虑施工对地铁、电线、天然气管道及给排水管道等现有设施的影响，尽量避免在桥梁等大型建筑物基础下方修建隧道 |
| 渗透控制 | 为防止地下水灌入隧道或雨、污水溢出，隧道内壁需布设防渗设施；若有地下水渗入隧道中，需及时用泵抽出 |
| 雨、污水的及时排空 | 当隧道作为调蓄贮存使用时，需要保证在数小时内可将隧道内的雨、污水抽空，特殊情况下，最多应在1d或2d时间内抽空 |

| 类别 | 注意事项 |
|---|---|
| 地上、地下设施的检查维护 | 需对泵站、主隧道、进水井等地下设施和溢流点处的地表设施进行定期的检查和清理维护；对隧道内的沉淀物进行及时的冲洗和清理，冲洗水排入污水处理厂进行处理 |
| 通气设备 | 集中的水力冲击以及鼓风通气不正常都会影响系统的运行，应考虑水力冲击的强度和通气设备的正常运行以及集中暴雨涌入等问题 |
| 建设安全问题 | 主隧道、连接隧道和竖井的施工安全，电力供应保障及安全，施工过程中地下水的安全转移与处理 |
| 岩土评价及隧道深度选择 | 隧道可以设置在岩石层或土壤层，最佳埋深应基于隧道主要功能、设计规模、与其他设施的衔接及岩土评价情况等因素 |

# 8.6　深隧工程的方案比选

## 8.6.1　深隧工程的优越性和局限性

深隧工程作为集中型传统灰色基础设施的典型代表，一般具有实施后见效快、控制效果显著等特点，适宜在较大范围内存在严重洪涝或合流制溢流污染问题时采用，并且通过科学的设计和运行可兼顾洪涝控制、污染控制及其他功能，如交通、景观补水等；此外，盾构施工对地面以及地下轨道交通及管线的影响相对较小，现状设施拆迁和施工期间占地面积较小，一般可以避免昂贵土地收购以及同其他基础设施建设之间的冲突，相对于分散型措施，深隧工程便于进行集中操作、维护和管理。由于城市道路地下浅层的管线已经十分复杂，传统的增加管道、扩建管道和建设调蓄池等措施在一些条件下难以实施或成本太高，而位于深层地下的深隧工程为排水系统的升级改造提供了一种可行的选择，通过高额的资金投入和大规模建设可以有效解决城市一些区域的洪涝和合流制溢流污染问题，实现控制目标和要求，这也是现代大城市发展基础设施建设的需求和体现。

但深隧工程方案也有其明显的局限性。一方面，大型隧道设计施工周期较长、工程量大，配套设施的建设难度大，管理、运行和维护复杂，需要较高的初始投资、运行费用以及持续的维护成本，深隧工程方案高昂的费用是许多城市无法承受的，一般很难在一个城市大范围采用；另一方面，单一的灰色控制措施并不一定能彻底、高效地解决整个城市的所有雨洪问题，也存在破坏城市水循环和水生态的风险，一些城市修建深隧工程后，虽然显著地减少了溢流进入水体的污染物，但水质状况依然不乐观，所以仍然需要再寻求其他高效措施；此外，如前所述，深隧工程的实施还涉及政策法规、筹资、公众的理解和支持，并且对模型模拟技术要求较高，这些都可能成为一些城市采用深隧工程的制约因素。

### 8.6.2 深隧工程的方案选择

#### 1.深隧工程的方案比选与论证

由于深隧工程具有明显的优越性和局限性，在制定规划时必然涉及方案比选这一重大问题。无论是制定合流制溢流控制规划还是洪涝控制规划，都需要构建一个控制系统，经过研究分析、方案比选及方案论证选择最经济高效的方案。

2000 年，伦敦市成立了泰晤士河策略研究组织，对合流制溢流对泰晤士河水环境质量的影响进行了评估，并广泛研究了控制合流制溢流污染和提高水环境质量的潜在解决方案，包括深隧工程、雨污分流改造、可持续排水系统推广、实时控制、合流制溢流处理等方案。经过多年的研究得出，建设泰晤士隧道是最节约时间和最具经济效益的方案，其他的方案将会花费更多费用，造成更多的干扰和破坏，并且不能达到水环境标准的要求和合流制溢流控制目标。

为了减少内涝带来的严重影响和经济损失，香港渠务署于 1996 年开展了"香港岛北雨水排放整体计划研究"，寻求符合现有的防洪标准和应对未来需要的排水系统改善措施。在研究期间渠务署对传统雨水系统扩大及改善工程、蓄洪计划、雨水截流隧道及防洪抽水计划等多个改善方案进行了研究和评估。在方案比选时，渠务署根据每个集水区的特点，综合考虑土地、环境、交通、地下空间、投资等因素，经仔细分析和反复咨询，最终决定采用港岛西雨水排放隧道方案。

但是也有经过评估论证最终放弃采用深隧工程的例子，如美国底特律市由于难以负担建设深隧工程的高额投资而放弃了该方案。

#### 2.深隧工程与源头分散控制措施的比选

近年来，在城市可持续发展的推动下，源头分散式雨洪控制措施的应用得到了快速发展，将灰色设施与绿色设施相结合的雨洪管理理念得到了极大的推崇。一方面传统控制措施如深隧工程存在许多局限性和一定的适用条件，并且难以从根本上解决整个城市雨洪问题；另一方面，灰色设施也未必是最佳方案，而应该通过研究，选择综合效益最优的控制方案。

波特兰市是最早大规模推广低影响开发（LID）措施的城市之一，从 20 世纪 90 年代初开始 LID 措施就成为波特兰市合流制溢流控制的主要措施。随后为了达到合流制溢流控制目标，波特兰市建设了多个深隧工程。2006 年波特兰市启动了最后一条东部隧道项目，2011 年该项目运行后可实现合流制溢流排放减少 94%，波特兰市当前已经完成合流制溢流长期规划，未来将完全向绿色设施的推广应用发展。波特兰市合流制溢流控制中灰色和绿色设施的使用及投资效益如图 8-6 所示，通过对比可以看出：LID 措施和深隧工程在波特兰市合流制溢流控制中都发挥了非常重要的作用，与灰色基础设施相比，绿色基础设施具有更高的投资效益。

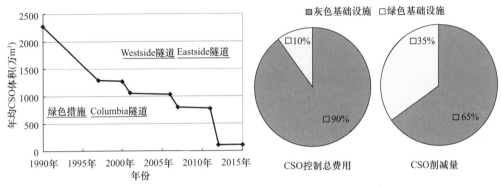

图 8-6 波特兰市合流制溢流控制中灰色和绿色设施的使用及投资效益

伦敦市在泰晤士隧道规划中对可持续排水系统（SUDS）方案进行了评估。研究者分析了可持续排水系统的众多优势，并表示非常支持 SUDS 在新建城区推广。但考虑到伦敦人口稠密、排水系统复杂、大部分土地已经开发、没有足够的空间实施、黏土导致雨水难以迅速下渗等因素，最终的研究结论认为在伦敦广泛推广可持续排水系统将对每家每户的道路和开放空间等造成影响，并且费用昂贵、技术困难，难以在规定的时间内实现合流制溢流控制和水环境改善的目标。

通过波特兰市合流制溢流控制历程和伦敦市合流制溢流控制两个案例可以看出，不同国家或城市对绿色措施和传统灰色措施方案比选的认识和实践上有较大的不同，这跟决策者和研究者个人以及所在国家的政策法规、发展历程和城市特点等因素有较大关系。事实上，在城市雨洪管理中，传统灰色设施与绿色设施都是必不可少，并且在控制大暴雨和中小雨上相互配合并相得益彰，两者的关系既可能是方案配合（如波特兰市），也可能是方案比选（如伦敦市），应结合控制目标、时间要求和费用问题以及城市特点进行综合的研究分析和比选。在场地等条件允许的情况下，绿色和源头控制措施可作为一种值得优先考虑的主要手段开展大规模的实施；而在场地条件不允许、大规模推广绿色和源头措施受到限制的情况下，仍可将其作为对传统控制措施的补充，通过综合采取传统控制措施和绿色措施实现控制目标。

# 8.7 深隧工程的科学决策

## 8.7.1 因地制宜

与发达国家相比,一方面,我国排水系统建设标准相对偏低,管理维护较落后,存在普遍的管道破损和大量沉积物等问题;另一方面,我国地域辽阔,不同地区、不同城市之间的年降雨总量、降雨量分布、降雨强度、雨型等降雨特征相差很大;而各地排水系统状况、经济状况、城市发展程度、水文地质特性、水环境等条件也各不相同,不同城市面临的重点雨洪问题也不尽相同;加之受降雨资料的获取、气候变化等因素的影响,不同城市在针对不同降雨特征和不同雨洪问题时,就必然需要采取针对性的雨洪管理策略和选择适宜的控制方案和雨洪设施规模。

因此,在进行深隧工程方案的决策时必须认真分析国内外城市之间异同并认真地学习和借鉴,针对城市存在的洪涝、污染等不同雨洪问题提出更具针对性的深隧工程控制方案,准确评价方案的效益;依据城市布局、水体分布、地面和地下空间、基础设施条件、地形等各种基础条件,科学设计深隧工程路线和确定深隧工程规模、运行方式以及与原有排水系统的衔接关系,以提高城市雨洪管理的经济性、合理性和高效性。

## 8.7.2 多方案多目标的技术路线

由于深隧工程的规模和能力仍然是有限的,单一的深隧工程方案并不能解决所有洪涝、合流制溢流污染和水系统健康循环问题。为了弥补深隧工程方案的局限性,仍需要将深隧工程和其他控制措施相配合。在许多城市,深隧工程只是作为雨洪问题的解决方案之一,如大阪排涝干管只是洪涝综合控制方案的一部分,除建设深隧工程外,大阪还综合采用了建设调蓄池、多功能调蓄设施、雨水利用、雷达预警实时控制等方案。

因此,解决整个城市或较大区域的排水系统的洪涝、径流污染和雨水减排利用问题,或者制定城市尺度的排水系统升级改造规划,必须要综合采取各种方案和措施;对于一个范围较小的具体改造项目,则必须要因地制宜地进行方案比选,最终方案可能为单一方案,也可能为综合方案。我国城市一般雨水径流污染比较严重,管道混接现象普遍存在,老城区存在大量的合流制系统,许多城市还严重缺水,因而内涝问题、水质污染问题和雨水资源利用问题通常交织在一起。因此,建议我国城市雨洪管理和系统决策应以多方案和多目标为基本技术路线,根据实际情况选择综合性的绿色与灰色相结合的雨洪管理方案,实现洪涝缓解、雨水径流污染与合流制溢流控制、雨水资源利用、水环境和生态改善等综合目标。

# 8.8 小 结

深隧工程在国内外许多城市已有很多成功的应用案例，但均是经过缜密的研究、慎重的决策和因地制宜的规划设计。如此浩大的工程能够得以实施，一方面是基于相关法规对城市排水安全和水环境质量的强制性要求，另一方面则基于大量的资金支持和严谨的科研及技术支撑，深隧工程方案的决策、规划和实施通常以"法规约束－研究分析－规划设计－建设运行"的方式进行。

## 8.8.1 深隧工程方案决策

国内城市在讨论或规划建设深隧工程时，决策必须综合考虑当地的降雨特征、地形特性、基础设施现状及其规划、环境影响以及经济条件等各方面因素，对多个方案进行严格论证，准确评估每一种方案的社会、环境、经济效益，比选出最优方案，提高投资效益。

与其他雨洪控制措施相比，深隧工程施工周期长，工程量大，费用昂贵，运行、管理、维护复杂。然而，深隧工程可兼顾洪涝、污染等多种目标，且效果显著，对地表和浅层地下空间要求较低，且盾构施工对地面和现有设施影响小。因此，深隧工程适用于溢流口较多且密集、溢流水量大，或积水点多而密集、洪涝压力大、地面或地下空间限制，以及其他措施和方案难以实施和快速见效等情况。

## 8.8.2 深隧工程系统的合理设计

不同控制目标的深隧工程在技术路线、设计方法、衔接关系、运行方式以及各组成的规模尺寸等方面有明显差异。必须深入研究分析当地所面临的雨洪问题，明确主要控制目标，结合规划区域排水系统、地面和地下设施、地形等条件，对系统的主隧道、衔接设施、出口设施、通风系统等组成部分进行合理设计，处理好各组分之间的连接关系以及隧道系统和现有管道系统、地表设施、末端水体的衔接关系；并对隧道的最佳埋深和施工影响以及防渗处理等工程和技术细节进行研究论证，以保证隧道能够正常施工、运行和安全维护。

综上所述，尽管深隧工程是城市洪涝和合流制溢流控制中一种重要的措施，且效果明显，但仍然存在很多问题值得认真研究。另外，国外的一些经验也说明，深隧工程并不一定能彻底、高效地解决城市所有的雨洪问题，因此，不能完全依赖深隧工程来解决国内城市突出的雨洪问题，还需要不断深入研究，开发更高效的措施，并结合源头、管道和末端各种措施来综合解决城市洪涝、径流污染、水文循环等问题。

当前我国城市对排水和内涝问题非常重视，许多城市也已经制定了排水防涝规划，少数城市在开展非点源污染控制的相关研究和实践，未来在排水系统升级改造和建设管理方面将会有大量的资金投入，深隧工程作为一种有效措施，必然会在我国一些城市得到应用，但需要进行科学系统地研究和探索，并制定完善的法律规范。作为后来者，我们应充分借鉴案例城市的成功经验和教训，从而更快、更好地解决我国城市雨水综合性问题，为实现水文良性循环和海绵城市提供保障。

# 第9章 合流制改造及溢流控制规划设计案例

## 9.1 南方某合流制片区治污除涝系统化方案

### 9.1.1 合流制片区概况

#### 1.区位及地形

明月河片区是我国南方某城市的一个典型合流制片区，片区位于明月河下游、涪江右岸，总面积约1.5km² （图9-1）。明月河片区地处涪江平坝区，土壤以砂砾为主，渗透性较好。

明月河片区为侵蚀堆积河谷平坝地形，片区内为堆积平原地貌，片区西侧为侵蚀剥蚀丘陵地貌。片区地势自西北向东南缓倾，坡度约为5%～15%，最高点高程约300m，最低点高程约260m。片区地形高程分析如图9-2所示。

图9-1 明月河片区范围示意图

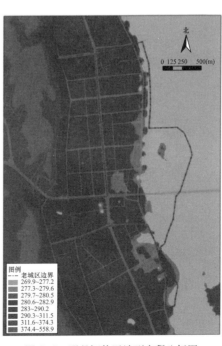

图9-2 明月河片区地形高程分析图

## 2. 排水分区

明月河片区排水体制总体为合流制，片区内市政排水管网及地块内排水管网混接错接现象普遍（图9-3、图9-4）。

图9-3　片区市政排水管网分布图

明月河片区建于20世纪80年代至90年代，现状呈现建设强度大、建设密度高等特点。和我国许多城市一样，明月河片区所在的老城区早期建设排水系统时受经济条件限制多采用雨污合流管渠，随着旧城改造排水系统也经历了持续的建设和更新改造（截污、雨污分流改造等），由于存在指导思想不明确、缺少统筹协调、建设不规范及运营维护缺失等问题，导致雨、污水管网混接错接现象普遍，上、下游衔接混乱，合流与分流系统相互交织。

图 9-4 片区地块排水体制分析图

## 9.1.2 水环境问题与成因

根据水质监测结果，明月河片区现状水质为地表水劣 V 类，水环境质量较差，主要为 $COD_{Cr}$ 和 $NH_3$-N 浓度超标，最高浓度分别为 40.8mg/L、1.98mg/L。

通过模拟设计日降雨条件下片区各排口出流及泵站溢流情况，并结合水质监测数据估算片区污染负荷构成，结果如图 9-5 所示。

根据 $COD_{Cr}$ 污染负荷构成分析结果，旱季污水直排入河、合流制泵站溢流、雨水径流及底泥释放的污染贡献占比分别为 10.8%、36.6%、42.5%、10.1%；根据 $NH_3$-N 污染负荷构成分析结果，旱季污水直排入河、合流制泵站溢流、雨水径流及底泥释放的污染贡献占比分别为 14.0%、62.6%、14.9%、8.5%。

### 1. 截污不彻底

根据排水管线普查结果，明月河片区内共有 3 个污水直排口和 15 个雨水排口（图 9-6），雨水排口中有 8 个排口存在旱季污水出流问题。截污不彻底导致每天约 200m³ 生活污水直

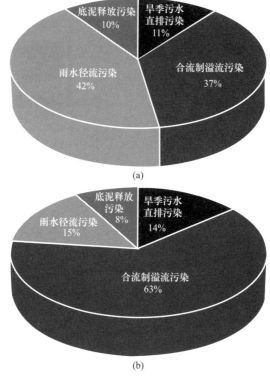

图9-5 明月河片区污染负荷构成分析图

(a) $COD_{Cr}$；(b) $NH_3-N$

接排入明月河，根据水质监测结果，片区污水直排口 $COD_{Cr}$、$NH_3-N$ 浓度分别为205mg/L 和38.5mg/L，进入明月河的污染负荷分别为40.3kg/d 和7.6kg/d，分别占设计日降雨条件 下入河总污染负荷的 1.6% 和 2.1%。

经仔细排查，片区内市政雨、污水管网混接错接点共 188 个（图9-6），其中市政污 水管接入雨水管的混接错接点 9 个，市政雨水管接入污水管的混接错接点 13 个；地块内 污水管接入市政雨水管的混接错接点 81 个，地块内雨水管接入市政污水管的混接错接点 85 个。雨污管线混接错接导致的生活污水入河量约为1266.3m³/d，$COD_{Cr}$、$NH_3-N$ 浓度分 别按205mg/L、38.5mg/L 计，则进入明月河的污染负荷分别为233.3kg/d 和43.8kg/d，分别 占设计日降雨条件下入河总污染负荷的 9.3% 和 12.0%。

### 2. 合流制溢流污染

采用典型降雨年实测降雨数据对片区内凯丽滨江、体育馆两座合流制泵站的溢流量进 行模拟计算。

凯丽滨江泵站典型降雨年溢流量统计情况如图9-7和表9-1所示。模拟结果显示，

图 9-6　片区排口及排水管线混接错接点分布图

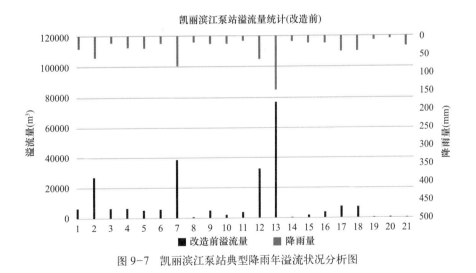

图 9-7　凯丽滨江泵站典型降雨年溢流状况分析图

在典型降雨年凯丽滨江泵站年溢流次数为 21 次，年溢流总量为 24.1 万 $m^3$，最大单次溢流量为 7.6 万 $m^3$，占溢流总量的 31.2%。

### 凯丽滨江泵站典型降雨年溢流量统计表    表 9-1

| 溢流事件序号 | 1 | 2 | 3 | 4 | 5 | 6 | 7 | 8 |
|---|---|---|---|---|---|---|---|---|
| 溢流量（m³） | 6502.6 | 27058.0 | 6716.1 | 6530.7 | 5337.3 | 5969.2 | 38688.7 | 742.1 |
| 溢流事件序号 | 9 | 10 | 11 | 12 | 13 | 14 | 15 | 16 |
| 溢流量（m³） | 5178.5 | 2213.1 | 4073.1 | 32752.9 | 76620.6 | 504.5 | 1947.2 | 4064.9 |
| 溢流事件序号 | 17 | 18 | 19 | 20 | 21 | 合计 | | |
| 溢流量（m³） | 7806.1 | 7387.3 | 129.4 | 342.1 | 5.1 | 240569.4 | | |

体育馆泵站典型降雨年溢流量统计情况如图 9-8 和表 9-2 所示。模拟结果显示，在典型降雨年体育馆泵站年溢流次数为 20 次，年溢流总量为 9.30 万 m³，最大单次溢流量为 3.3 万 m³，占溢流总量的 36.3%。

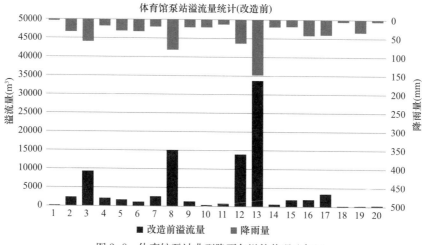

图 9-8　体育馆泵站典型降雨年溢流状况分析图

### 体育馆泵站典型降雨年溢流量统计表    表 9-2

| 溢流事件序号 | 1 | 2 | 3 | 4 | 5 | 6 | 7 |
|---|---|---|---|---|---|---|---|
| 溢流量（m³） | 50.2 | 2371.5 | 9301.7 | 2097.9 | 1698.6 | 1146.7 | 2618.6 |
| 溢流事件序号 | 8 | 9 | 10 | 11 | 12 | 13 | 14 |
| 溢流量（m³） | 15079.5 | 1325.7 | 380.3 | 799.8 | 13957.0 | 33700.8 | 649.6 |
| 溢流事件序号 | 15 | 16 | 17 | 18 | 19 | 20 | 合计 |
| 溢流量（m³） | 1875.0 | 1930.9 | 3459.8 | 246.0 | 79.0 | 151.1 | 19285.3 |

由于片区及周边区域雨污合流和雨污管道混接错接问题突出，在设计日降雨条件下凯丽滨江泵站和体育馆泵站溢流污水总量约为 6784.6m³。根据溢流水质监测采样结果，泵站

溢流污水中 $COD_{Cr}$、$NH_3-N$ 浓度分别按 136mg/L、33.8mg/L 计，则 2 座合流制泵站溢流入河的 $COD_{Cr}$、$NH_3-N$ 污染负荷分别为 922.7kg/d 和 229.3kg/d，分别占设计日降雨条件下入河总污染负荷的 36.6% 和 62.6%。

### 3. 雨水径流污染

通过模拟计算，在设计日降雨条件下片区内各排口排入明月河的雨水径流总量为 10722.63m³。根据片区雨水径流水质监测采样结果，片区雨水径流中 $COD_{Cr}$、$NH_3-N$ 浓度分别按 100.3mg/L、5.1mg/L 计，则片区雨水径流入河的 $COD_{Cr}$、$NH_3-N$ 污染负荷分别为 1070.6kg 和 54.4kg，分别占设计日降雨条件下入河总污染负荷的 42.5% 和 14.9%。

### 4. 河道内源污染

从明月河干流和支流采集底泥样品，通过监测营养盐类指标进行底泥释放规律分析，综合评估明月河内源污染等级和污染风险。明月河底泥取样点包括上游支流、中游箱涵和下游干流，取样深度均为浅层，共 10 个取样点。

明月河底泥营养盐监测分析结果如图 9-9 所示，监测结果表明，明月河底泥中 TP 等营养盐类指标浓度较高，当水体流动性较差时极易引发水体富营养化，存在较高的环境风险。根据底泥污染物构成及 $COD_{Cr}$、$NH_3-N$ 释放规律分析，片区内明月河河道底泥释放的 $COD_{Cr}$、$NH_3-N$ 污染负荷分别为 255kg/d 和 31kg/d，分别占入河总污染负荷的 10.1% 和 8.5%。

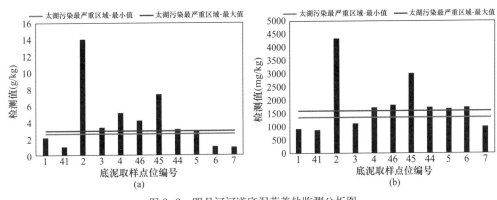

图 9-9　明月河河道底泥营养盐监测分析图

(a) TN；(b) TP

### 5. 河道生态功能退化

片区范围内明月河河道长度约为 2km，河道硬质比例达到 95% 以上，河道生态自净能力非常弱。

### 9.1.3 水安全问题与成因

明月河片区现有 2 处易涝积水点，分别为人事局宿舍易涝点和川中大市场易涝点，各易涝点信息如表 9-3 所示。

<table>
<tr><td colspan="4" align="center">片区现状易涝积水点基本信息表</td><td align="right">表 9-3</td></tr>
<tr><td>序号</td><td>易涝点名称</td><td>汇水面积（hm²）</td><td colspan="2">主要内涝成因</td></tr>
<tr><td>1</td><td>人事局宿舍</td><td>11.02</td><td colspan="2">局部地势低洼</td></tr>
<tr><td>2</td><td>川中大市场</td><td>13.06</td><td colspan="2">局部地势低洼，下游管网排水能力不足</td></tr>
</table>

经模型评估，在 30 年一遇设计降雨（252.5mm/24h）条件下，人事局宿舍、川中大市场等内涝风险区地面积水时间长达 60min。明月河片区内涝风险分析结果如图 9-10 所示，片区现状易涝积水点在不同设计降雨情景下积水情况如表 9-4 所示。

图 9-10　明月河片区内涝风险分析图

<table>
<tr><td colspan="6" align="center">片区现状易涝积水点在不同设计降雨情景下积水情况统计表</td><td align="right">表 9-4</td></tr>
<tr><td rowspan="2">评价标准</td><td colspan="2">设计重现期</td><td>5 年一遇</td><td>10 年一遇</td><td>20 年一遇</td><td>30 年一遇</td></tr>
<tr><td colspan="2">3h 设计降雨量（mm）</td><td>87.9</td><td>107.3</td><td>126.7</td><td>138.1</td></tr>
<tr><td>川中大市场</td><td colspan="2">积水（水深≥0.15m）面积（hm²）</td><td>1.01</td><td>1.15</td><td>1.95</td><td>2.1</td></tr>
</table>

续表

| 评价标准 | 设计重现期 | 5年一遇 | 10年一遇 | 20年一遇 | 30年一遇 |
|---|---|---|---|---|---|
| | 3h设计降雨量（mm） | 87.9 | 107.3 | 126.7 | 138.1 |
| 川中大市场 | 积水（水深≥0.3m）面积（hm²） | 0.28 | 0.57 | 0.81 | 0.95 |
| | 积水时间（min） | 35 | 45 | 55 | 60 |
| 人事局宿舍 | 积水（水深≥0.15m）面积（hm²） | 0.41 | 0.57 | 0.74 | 0.76 |
| | 积水（水深≥0.3m）面积（hm²） | 0.3 | 0.42 | 0.48 | 0.5 |
| | 积水时间（min） | 35 | 45 | 55 | 60 |

## 1. 不透水面积比例高

对片区下垫面进行分析，结果如图9-11和表9-5所示。片区及周边区域不透水下垫面比例高达76%，导致雨水自然下渗量较少，同时径流汇集时间短、峰值流量大、持续时间长，排水压力较大。

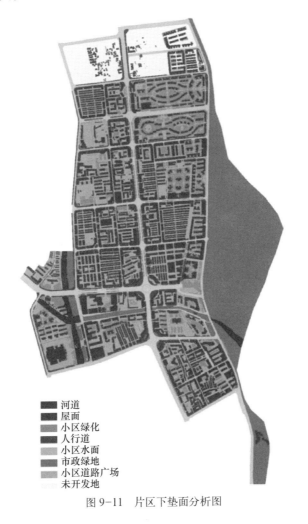

图9-11 片区下垫面分析图

片区下垫面类型统计表　　　　　　　　　表 9-5

| 下垫面种类 | 面积（hm²） | 比例 |
|---|---|---|
| 河道 | 5 | 2% |
| 小区屋面 | 81 | 31% |
| 小区绿化 | 29 | 11% |
| 市政人行道 | 21 | 8% |
| 小区水面 | 1 | 0% |
| 市政道路 | 43 | 16% |
| 市政绿地 | 3.6 | 1% |
| 小区道路广场 | 54.4 | 21% |
| 未开发地 | 23 | 9% |
| 合计 | 261 | 100% |

## 2. 管道排水能力不足

用模型对片区内管网排水能力进行评估，评估结果如图 9-12 所示，片区排水能力不

图 9-12　片区管网排水能力评估图

足 2 年一遇标准的管道比例达到 91.5%。由于老城区雨、污水管道建设年代久远，部分管道存在严重的老化破损和淤积堵塞问题，进一步降低了管网排水能力。

### 3. 局部地区地势低洼

根据地形分析，川中大市场区域局部地势低洼，地面高程比周边地区低 1～2m（图 9-13），导致降雨期间周边地区地表径流大量汇入。

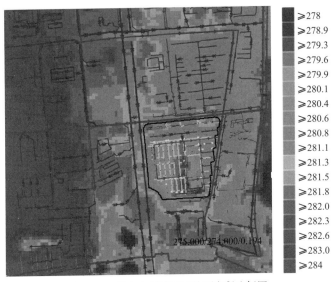

图 9-13　川中大市场区域地面高程分析图

川中大市场内雨水管渠仅有 1 处市政管网接出口（图 9-14），根据川中大市场雨水排

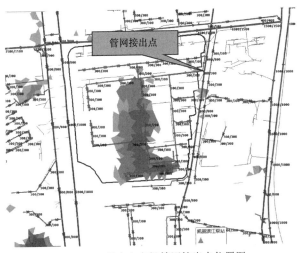

图 9-14　川中大市场管网接出点位置图

放通道运行负荷模拟分析（图9-15），暴雨期间周边市政道路排水管网已严重超负荷运行，难以接纳川中大市场内外排雨水。

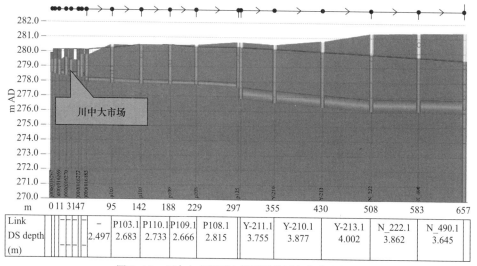

图9-15 川中大市场雨水排放通道运行负荷分析图

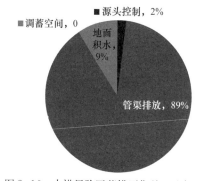

图9-16 内涝风险区蓄排平衡关系分析图

**4. 蓄排平衡体系不完善**

片区内雨水径流蓄排平衡关系如图9-16、表9-6所示。由于片区建设密度大，且公共绿地集中分布于片区下游河道沿岸，导致片区内雨水调蓄空间极少。受外江防洪堤及明月河盖板影响，片区内雨水难以通过地表汇流进入河道，地面雨水径流汇集后主要通过雨水管渠排入水体。

内涝风险区蓄排平衡关系分析表　　　　表9-6

| 设计降雨量 | 汇水面积 | 源头控制 | 管渠排放 | 调蓄空间 | 地面积水 |
|---|---|---|---|---|---|
| 252.5mm | 74.2hm² | 4.9mm | 223.3mm | 0mm | 24.3mm |

## 9.1.4 片区改造目标与思路

### 1. 总体目标指标

完善片区排水管网系统，杜绝旱季污水直排，有效控制排水系统雨季溢流，提升明月河水质，改善城市水环境。

提升片区排水防涝能力，消除现状易涝积水点，有效应对30年一遇设计暴雨，保障城市水安全。

为实现片区总体改造目标，确定6项具体指标，如表9-7所示。

明月河片区排水系统改造指标体系表　　　　　　　　　　表9-7

| 序号 | 类别 | 指标 | 数值 |
|---|---|---|---|
| 1 | 水环境 | 水环境质量 | 明月河COD$_{Cr}$等主要指标达到地表Ⅳ类水标准 |
| 2 | | 凯丽滨江泵站溢流频次 | 6次以下 |
| 3 | | 雨水径流污染控制 | SS：35% |
| 4 | 水安全 | 年径流总量控制率 | 65%（17.2mm） |
| 5 | | 内涝防治标准 | 30年一遇（252.5mm/24h） |
| 6 | | 排水管渠设计标准 | 3～5年一遇（82mm/3h～92mm/3h） |

（1）水污染控制体系

1）水环境质量

通过控源截污、内源治理、生态修复、活水保质等措施，实现明月河入涪江断面COD$_{Cr}$、NH$_3$-N等主要指标达到地表水环境质量Ⅳ类水质要求。

2）生活点源污染控制

为实现明月河水环境质量治理目标，消除片区内旱季直排污水，实现旱季污水全收集。控制片区内两座合流制泵站的溢流频次与溢流量，实现发生设计降雨量以内的降雨事件时泵站不溢流；由于凯丽滨江泵站收集明月河片区大部分区域的雨、污水，且泵站位于片区内明月河中段，规划典型年降雨模拟下凯丽滨江泵站溢流频次达到6次以下。

3）雨水径流污染控制

根据明月河允许入河污染负荷分析计算结果，在综合考虑旱季污水直排及预计溢流污染削减的条件下，雨水径流污染须削减约33%。考虑最高日降雨条件下体育馆泵站及片区外部区域的影响，规划通过源头海绵和末端湿地净化等措施进行径流污染控制，实现入明月河雨水径流污染中SS削减比例达到35%（以SS计）。

4）水域空间保护体系

可改造的"三面光"岸线基本得到改造，恢复河道水系生态功能。

（2）水安全保障体系

按照系统治理思路，源头海绵设施同时具有源头减排、削峰错峰和雨水径流污染控制功能。规划片区年径流总量控制率达到 65%，对应设计降雨量为 17.2mm。

规划片区内雨水管渠总体达到 3～5 年一遇（82mm/3h～92mm/3h）排放标准。

规划片区排水防涝系统可有效应对 30 年一遇设计降雨（252.5mm/24h）。

### 2. 改造思路

明月河片区虽然面积较小，但问题复杂，实现建设目标的难度较大。规划以问题为导向，着力治理明月河水环境污染问题，同时提升片区排水防涝能力，消除川中大市场和人事局宿舍内涝积水。片区系统化方案思路如下：

在对现状本底详细分析和对现状问题量化评估的基础上，明确明月河片区建设总体目标与具体指标；以明月河水环境整治为出发点，通过控源截污、内源治理、生态修复、活水保质、长治久清等措施提高明月河水环境质量；按照径流污染指标削减要求，结合片区适建性分析进行年径流总量控制率指标分解，评估源头海绵设施源头减排效果；通过雨水管道改造及局部内涝积水点改造，提升系统排水能力，保障片区排水防涝安全；最后通过项目识别与可达性验证，提出片区建设方案与项目库，并进行项目实施成效评估，最终实现明月河水环境质量和片区排水防涝能力的提升。

明月河片区治污除涝系统化方案总体思路如图 9-17 所示。

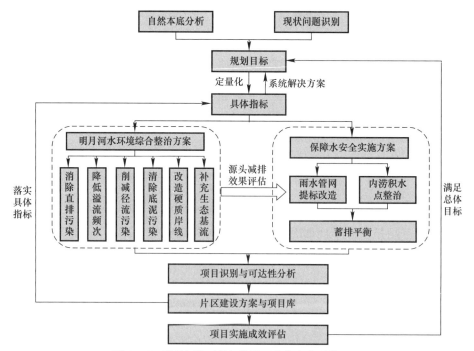

图 9-17 明月河片区治污除涝系统化方案总体思路

### 9.1.5 片区水环境治理方案

**1. 总体思路**

根据相关规划明月河远期水环境质量目标为地表水Ⅲ类水质标准（$COD_{Cr}$、$NH_3-N$ 浓度分别为 20mg/L 和 1.0mg/L）。综合考虑明月河在片区入口断面水质、片区现状污染负荷情况、片区水环境治理分期建设安排等因素，确定近期片区出口断面水质达到地表水Ⅳ类水标准（$COD_{Cr}$、$NH_3-N$ 浓度分别为 30mg/L 和 1.5mg/L），则 $COD_{Cr}$ 允许入河污染负荷为 715kg/d，$NH_3-N$ 允许入河污染负荷为 36kg/d。

结合片区水环境质量治理目标及现状污染源分析结果，以设计日污染负荷评估结果为基础，制定明月河片区水环境治理方案，如图 9-18 所示。规划优化完善现状污水收集系

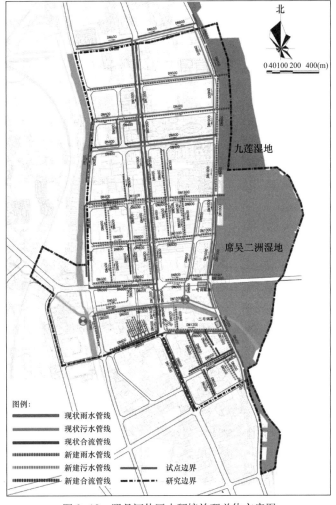

图 9-18 明月河片区水环境治理总体方案图

统，消除片区内旱季污水直排；对片区内市政道路和建筑小区排水管网进行雨污分流及混接错接改造，理顺片区排水体制；升级改造现状排水泵站并建设合流制溢流调蓄池，降低片区内及周边范围合流污水在片区内产生的溢流；在片区内实施源头海绵化改造，在源头削减和净化雨水径流，并在片区下游建设雨水净化湿地；对明月河进行底泥清淤，减少内源污染；对滨江路以东的明月河硬质岸线进行生态修复，提升河水自净能力。

### 2. 控源截污

基于片区现状排水体制与排口特征分析，针对截污系统不完善、排水管网混接错接严重、合流制泵站雨季溢流量大、雨水径流未有效处理等问题，因地制宜提出片区控源截污改造方案和措施，如图 9-19 所示。

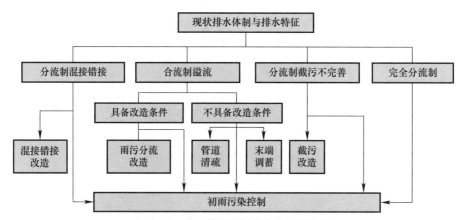

图 9-19　片区控源截污方案技术思路图

（1）消除旱季污水直排

根据排水管线普查结果，对片区内截污不完善的区域开展截污改造，重点消除现状 3 处污水直排口（图 9-20）。

9 号排口主要收集周边酒店和小区的雨、污水，排口对应汇水面积约 $1.3hm^2$。规划沿小区内部道路及外部市政道路新建污水管道，与现状合流管线连通，将污水截流至凯丽滨江泵站。

8-2 排口主要收集周边小区内生活污水，排口对应汇水面积约 $0.5hm^2$，规划结合西侧 9 号排口改造方案，将小区内污水截流至周边新建污水管内。

N1 排口主要收集周边小区内生活污水，规划对该排口进行封堵，将污水就近排入周边道路现状污水干管。

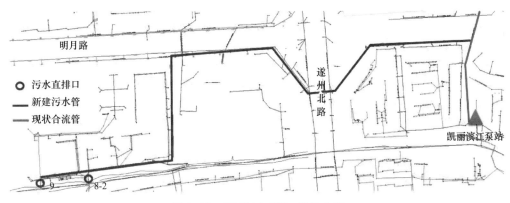

图 9-20　片区污水直排口整治方案

通过污水直排口整治，可减少明月河污水排放量约 196.7m³/d，其中 9 号排口 59.7m³/d，8-2 排口 107.2m³/d，N1 排口 29.8m³/d。

针对明月河沿岸存在的 7 个旱季有出流雨水排口（图 9-21），通过对相关小区及市政道路排水管网进行混接错接改造，将污水截流进入凯丽滨江泵站，消除旱季直排污水。

通过排水管网混接错接改造，可减少明月河污水排放量约 1162.5m³/d。

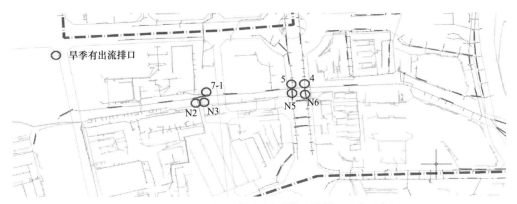

图 9-21　片区明月河沿岸旱季有出流雨水排口分布示意图

（2）实施雨污分流改造

1）地块内排水管网改造

地块内雨污分流改造主要有两种模式：现状为合流制的地块，将合流制管渠保留为污水管，通过新建雨水管渠或采用源头海绵设施收集输送雨水；现状已建雨污两套排水系统的地块，通过管网排查重点对内部混接错接管段实施改造。片区地块内排水管网改造范围面积共约 79.8hm²。

2）市政排水管网改造

片区市政道路排水管网雨污分流改造方案如图9-22所示。市政道路管网改造主要包含两部分：一是在片区内及外围相关区域新建或改造雨、污水管网，二是对片区内15个市政管网混接错接点实施改造，基本实现片区内市政道路雨污分流。

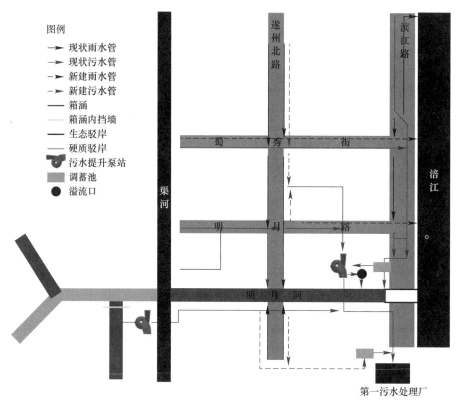

图9-22　片区市政管网雨污分流改造示意图

3）地块与市政管网衔接点改造

根据排水管线排查结果，对地块接入市政管网的91个混接错接点进行系统改造（图9-23），将地块雨、污水分别接入相应市政管道，明月河沿岸混接错接点可随小区地块混接错接改造将雨水就近排入明月河。

（3）雨水径流污染控制

通过对片区内现有建筑小区、城市道路、绿地广场等进行海绵化改造，因地制宜建设源头海绵设施，以降低片区雨水径流污染。

为合理确定片区各排水分区年径流总量控制目标，首先对片区源头海绵化改造适建性进行分析。明月河片区人口密度、容积率、建筑密度、建筑质量及建筑年代情况分析如图 9-24 所示。

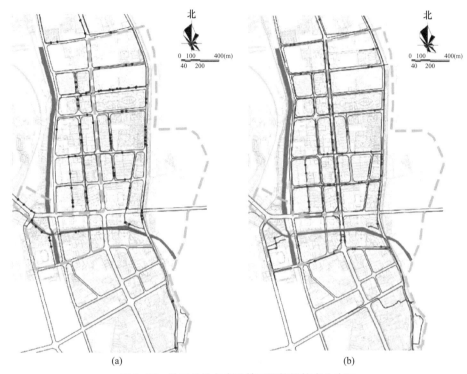

(a)                                                      (b)

图 9-23 片区地块与市政管网混接错接点分布图

（a）雨水管接污水管混接错接点；（b）污水管接雨水管混接错接点

(a)                              (b)                              (c)

图 9-24 片区源头海绵化改造适建性分析图（一）

（a）人口密度分析；（b）容积率分析；（c）建筑年代分析；

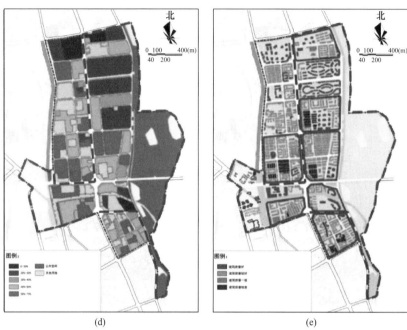

(d) (e)

图 9-24 片区源头海绵化改造适建性分析图（二）

（d）建筑密度分析；（e）建筑质量分析

综合考虑片区人口密度、建设年代、建筑密度及建筑质量等因素，结合海绵城市专项规划确定的片区海绵城市建设目标，确定片区内各排水分区的年径流控制率目标，如表 9-8 所示。

片区各排水分区年径流总量控制率目标表 表 9-8

| 排水分区 | 面积（hm²） | 年径流总量控制率 |
| --- | --- | --- |
| 1-1 号排水分区 | 14 | 60% |
| 1-2 号排水分区 | 6 | 60% |
| 1-3 号排水分区 | 10 | 60% |
| 1-4 号排水分区 | 10 | 60% |
| 1-5 号排水分区 | 27 | 60% |
| 2-1 号排水分区 | 25 | 60% |
| 2-2 号排水分区 | 32 | 60% |
| 2-3 号排水分区 | 25 | 60% |
| 2-4 号排水分区 | 19 | 60% |
| 2-5 号排水分区 | 73 | 80% |
| 2-6 号排水分区 | 6 | 80% |

金色海岸小区属于片区内海绵城市建设条件较好的小区之一，源头海绵化改造方案主要包括建设透水铺装、雨水花园、蓄水池、植草碎石下渗带等措施。结合小区源头海绵设施布局，构建小区水文模型（图9-25），采用典型年降雨数据对小区源头海绵建设效果进行评估。模拟结果表明，小区年径流总量控制率可达到69.7%，SS污染物年削减率达到47.4%。

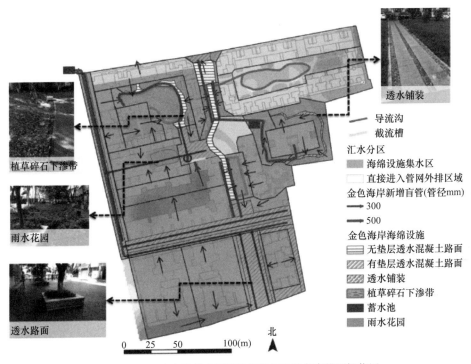

图9-25　金色海岸小区源头海绵化改造方案模型概化图

片区滨江路东侧现状为席吴二洲湿地，规划片区内新建雨水管渠收集明月路以北、蜀秀东街以南地区雨水，将原排入明月河的雨水径流向东排入席吴二洲湿地进行自然净化。

通过模型评估，在50mm设计日降雨条件下，现状雨水径流污染物 $COD_{Cr}$、$NH_3$-N总量分别为1071kg/d、54kg/d。实施改造后，片区入明月河雨水径流污染可削减近50%。

（4）合流制溢流控制

片区内现状主要存在两处合流制溢流口，分别为凯丽滨江泵站和体育馆泵站。由于片区西侧合流制区域近期不具备雨污分流改造条件，规划通过对2座合流制泵站进行设备更新改造和新建调蓄设施，以减少排入明月河的合流制溢流污染。

1）凯丽滨江泵站

凯丽滨江泵站主要收集明月河片区大部分区域及明月河以北、渠河以东地区的雨、污水，泵站服务范围总面积约200hm²，其中片区内范围约120hm²，片区以外范围约80hm²。凯丽滨江泵站于2006年竣工投入使用，现有旱泵、潜污泵各3台，根据实际运行监测数据，凯丽滨江泵站日输送污水量约1.9万m³/d。根据模型模拟结果，在50mm设计日降雨条件下，凯丽滨江泵站日溢流雨污混合水量为5311m³，$COD_{Cr}$、$NH_3$-N溢流排放量分别为722kg/d、180kg/d。

为减少凯丽滨江泵站的合流污水溢流量，规划对泵站进行升级改造，将泵站总排放能力由1800m³/h提升至2850m³/h。由于片区范围外仍有大量合流污水进入凯丽滨江泵站，为有效控制凯丽滨江泵站溢流频次与溢流量，规划在泵站前建设5000m³的调蓄池，对降雨期间过量的雨污混合水进行调蓄储存，待雨后输送至下游污水处理厂进行处理。凯丽滨江泵站前合流制调蓄池位置及管线连接情况如图9-26所示。

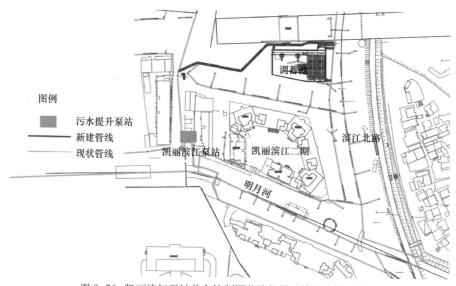

图9-26 凯丽滨江泵站前合流制调蓄池位置及管线连接示意图

经模型评估，实施改造后凯丽滨江泵站在典型降雨年的溢流频次可降低至4次，年溢流量减少至10.5万m³（图9-27）。

2）体育馆泵站

体育馆泵站主要收集明月河片区上游区域的雨、污水，泵站服务范围总面积约200hm²，其中片区内范围约20hm²，片区以外范围约180hm²。体育馆泵站于2014年竣工投入使用，

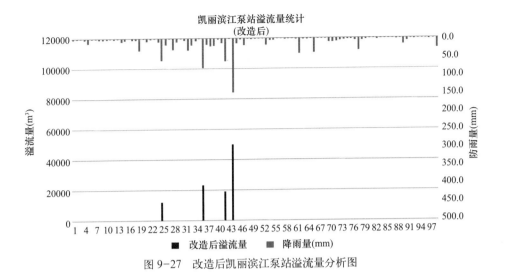

图9-27 改造后凯丽滨江泵站溢流量分析图

现有旱泵3台，潜污泵2台，根据实际运行监测数据，体育馆泵站日输送污水量约2.22万 $m^3/d$。根据模型模拟结果，在50mm设计日降雨条件下，体育馆泵站日溢流雨污混合水量为1473 $m^3$，$COD_{Cr}$、$NH_3-N$ 溢流排放量分别为200kg/d、50kg/d。

为减少体育馆泵站的合流污水溢流量，规划对泵站进行升级改造，将泵站总排放能力由3200 $m^3/h$ 提高至3800 $m^3/h$。由于明月河南岸仍有约5 $hm^2$ 区域为合流制，为进一步削减滨江南路溢流污染，规划在明月河南岸街头绿地内建设1700 $m^3$ 的调蓄池。明月河南岸合流制调蓄池位置及管线连接情况如图9-28所示。

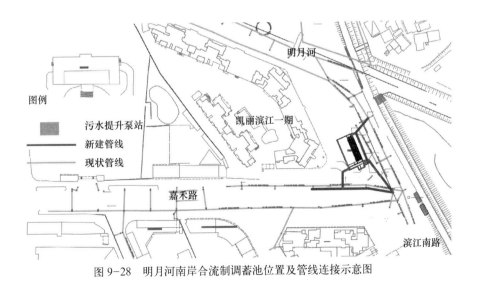

图9-28 明月河南岸合流制调蓄池位置及管线连接示意图

经模型评估，实施改造后体育馆泵站在典型降雨年的溢流频次可降至14次，年溢流量减少至 7.2 万 m³（图 9-29）。

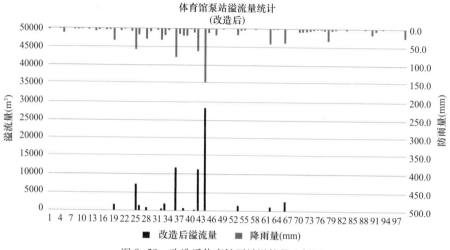

图 9-29　改造后体育馆泵站溢流量分析图

（5）控源截污改造效果评估

明月河沿岸排口改造前后入河污染物排放情况如表 9-9 所示。控源截污改造方案实施后，片区入明月河直排污水污染负荷削减约 95%，雨水径流污染负荷削减约 50%，泵站溢流污染负荷削减约 93%。经复核，明月河出口断面 $COD_{Cr}$ 可满足地表水环境质量Ⅳ类水质要求。

明月河沿岸排口改造前后入河污染物统计表　　　　　　　　　表 9-9

| 名称 | | 污水直排入河 | 雨水径流污染 | 合流制溢流污染 |
|---|---|---|---|---|
| 改造前（kg/d） | $COD_{Cr}$ | 274 | 1071 | 923 |
| | $NH_3-N$ | 51 | 54 | 229 |
| 控制目标（kg/d） | $COD_{Cr}$ | 715 | | |
| | $NH_3-N$ | 36 | | |
| 理想削减比例（%） | $COD_{Cr}$ | 100% | 33% | 100% |
| | $NH_3-N$ | 100% | 34% | 100% |
| 改造后（kg/d） | $COD_{Cr}$ | 13 | 543 | 68 |
| | $NH_3-N$ | 2 | 28 | 17 |
| 实际削减比例（%） | $COD_{Cr}$ | 95% | 49% | 93% |
| | $NH_3-N$ | 95% | 49% | 93% |

### 3. 内源治理

（1）河道清淤

监测结果显示，明月河干流封闭暗渠段的底泥中，TN 和 TP 超过富营养化湖泊底泥中的同类物质含量，亟需针对该段河流进行清淤。

规划对明月河干流暗渠段至涪江入河口 689.7m 范围内河道进行清淤，在保证不破坏河道底部结构的基础上，能清则清，清淤深度 20～110cm，共计清淤土方量约为 5050m$^3$。

（2）淤泥处理与处置

清淤得到的淤泥就近堆放，经过土壤治理满足土壤环境标准后可与席吴二洲内的本地种植土混合，用作席吴二洲湿地的林木种植土。对于不满足土壤环境质量标准的土壤需进行无害化处置。

### 4. 生态修复

（1）生态岸线治理

片区内明月河上游及明月河入涪江段现状岸线分别如图 9-30、图 9-31 所示，规划通过生态岸线修复进一步提高明月河水环境质量。根据现场踏勘与分析，片区内西山路-渠河段明月河南侧垂直岸线紧邻小区，不具备改造条件，北侧现状即为自然岸线；渠河-滨江路段为 12m 宽排水箱涵，近期不具备改造条件；滨江路-涪江段为梯形断面，具备生态岸线改造条件，该段长度共约 375m。

图 9-30　片区内明月河上游现状岸线　　　　图 9-31　明月河入涪江现状岸线

规划近期在明月河硬质驳岸基础上做立体绿化以柔化河道，保证基本观赏及生态效果（图 9-32）。远期结合河道周边用地改造，打破硬化河岸，北岸采用缓坡入水，南岸采用梯田跌水，进一步提升岸线生态净化水质功能（图9-33）。

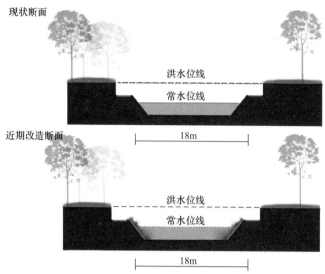

图 9-32　明月河（滨江路－涪江段）近期岸线改造方案示意图

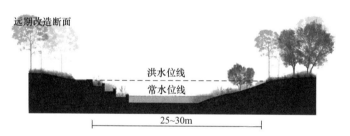

图 9-33　明月河（滨江路－涪江段）远期岸线改造方案示意图

（2）生态湿地建设

规划在片区东侧涪江沿岸建设席吴二洲湿地和九莲湿地（图9-34），以滨江沙洲为基底，建设兼具日常生活休闲与水质生态净化双重功能的湿地公园。

1）席吴二洲湿地

席吴二洲湿地总体布局如图9-35所示。明月河片区排水管网改造后，蜀秀东街及川中大市场雨水径流可通过管道进入席吴二洲湿地，其中蜀绣东街最大日径流排放量约为1800m³，川中大市场最大日径流排放量约为1200m³。规划在席吴二洲湿地内部建立由植物塘和植物床组成的人工湿地塘床系统，通过沉淀吸附、氧化还原和微生物分解等作用削减径流污染。

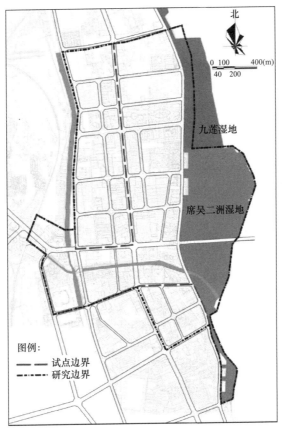

图 9-34　片区生态湿地布局图

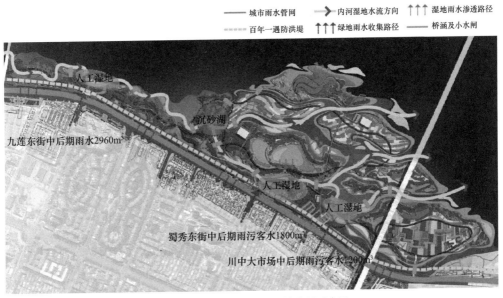

图 9-35　席吴二洲湿地总体布局示意图

2）九莲湿地

九莲湿地位于席吴二洲湿地以北约 3.9km，总面积约 49.5hm²。湿地主要收集蜀秀东街以北地区雨水径流，湿地汇水面积约 80hm²，九莲湿地设计处理规模为 2960m³/d。

### 5. 活水保质

河流生态基流量是指为保证河流生态服务功能，用以维持或恢复河流生态系统基本结构与功能所需的最小流量，保障生态基流有利于实现流域河流生态系统的可持续。

最枯月平均流量法需要的水文观测资料系列较短，在计算河流纳污能力方面有独特的优势，采用最枯月流量法计算明月河生态基流。根据明月河所在流域水文手册，按照枯水流量计算分区最小月平均流量计算公式（$Q_{min月}=2.67 \cdot F^{0.824}$），计算明月河生态基流量为 30L/s。明月河多年平均流量为 0.135m³/s，生态基流量约占多年平均径流量的 22%。

渠河为截流涪江的人工河，涪江水质优良，满足地表水环境质量Ⅲ类水质标准，渠河最大引水流量可达 150m³/s，渠河与明月河现有连通管道，规划采用此连通管道补给明月河生态基流。

### 6. 水环境治理效果评估

经计算，明月河 $COD_{Cr}$、$NH_3-N$ 环境容量分别为 265.35t/a，15.24t/a，按系统化方案实施后 $COD_{Cr}$、$NH_3-N$ 排放总量为 96.2t/a、9.7t/a，满足水环境容量要求。

## 9.1.6 片区内涝整治方案

### 1. 总体思路

在优化调整片区排水分区的基础上，规划通过源头海绵建设、排水管渠改造、建设雨水调蓄设施等措施构建片区蓄排平衡体系，消除易涝积水点，保障片区排水防涝安全。

### 2. 优化调整排水分区

通过系统梳理明月河片区及周边范围现状排水管网、雨水排口及合流制溢流口分布，综合考虑地形坡度、水系分布等因素，顺应自然地形和水系关系，合理优化调整排水分区及主排水通道，将片区及周边相关区域共划分为 2 个汇水分区和 11 个排水分区（图 9-36、表 9-10），其中明月河汇水分区包括 5 个排水分区，涪江右岸汇水分区包括 6 个排水分区。

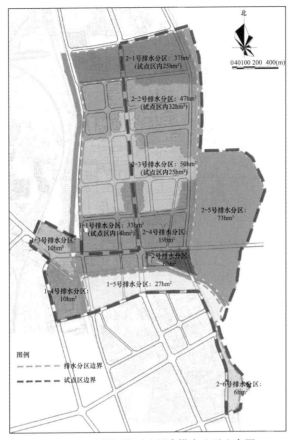

图 9-36 明月河片区及周边排水分区分布图

### 明月河片区及周边排水分区一览表 表 9-10

| 汇水分区 | 排水分区 | 面积（hm²） | 现状合流制占比（%） |
|---|---|---|---|
| 明月河汇水分区 | 1-1 号排水分区 | 14 | 85% |
| | 1-2 号排水分区 | 6 | 100% |
| | 1-3 号排水分区 | 10 | 100% |
| | 1-4 号排水分区 | 10 | 68% |
| | 1-5 号排水分区 | 27 | 74% |
| 涪江右岸汇水分区 | 2-1 号排水分区 | 25 | 20% |
| | 2-2 号排水分区 | 32 | 45% |
| | 2-3 号排水分区 | 25 | 75% |
| | 2-4 号排水分区 | 19 | 80% |
| | 2-5 号排水分区 | 73 | — |
| | 2-6 号排水分区 | 6 | — |

### 3. 源头减排

按照片区年径流总量控制目标，结合源头海绵化改造适建性分析结果，开展片区源头海绵城市建设，并对径流峰值削减作用进行模拟分析。

以片区内金色海岸小区为例，模拟不同设计降雨条件下源头海绵化改造前后流量过程变化情况，结果如表 9-11、表 9-12 及图 9-37、图 9-38 所示。

2 年一遇设计降雨条件下源头海绵化改造前后小区出口流量计算表　表 9-11

| 状态 | 设计降雨量（mm） | 集水区总面积（hm²） | 系统出口流量峰值（L/s） | 削峰比例 |
|---|---|---|---|---|
| 改造前 | 79 | 5.06 | 1018.5 | 38.8% |
| 改造后 | 79 | 5.06 | 623 | |

5 年一遇设计降雨条件下海绵化改造前后管渠流量对比　表 9-12

| 状态 | 设计降雨量（mm） | 集水区总面积（hm²） | 系统出口流量峰值（L/s） | 削峰比例 |
|---|---|---|---|---|
| 海绵前 | 124.3 | 5.06 | 1639 | 27.0% |
| 海绵后 | 124.3 | 5.06 | 1197 | |

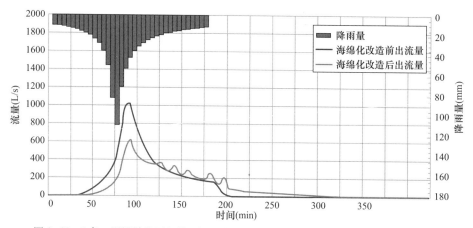

图 9-37　2 年一遇设计降雨条件下源头海绵化改造前后小区出口流量过程变化曲线图

在 2 年一遇 3h 设计降雨（79mm）条件下，源头海绵化改造前小区雨水排水出口峰值流量为 1018.5L/s，源头海绵化改造后峰值流量降低至 623L/s，径流峰值削减了约 39%。

在 5 年一遇 3h 设计降雨（124.3mm）条件下，源头海绵化改造前小区雨水排水出口峰值流量为 1639L/s，源头海绵化改造后峰值流量降低至 1197L/s，径流峰值削减了约 27%。

由计算结果可以看出，源头海绵化改造后小区雨水排口 5 年一遇出流量（1197L/s）与源头海绵化改造前 2 年一遇出流量（1018.5L/s）相近。

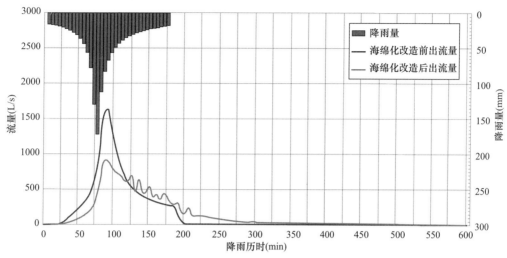

图 9-38　5 年一遇设计降雨条件下海绵化改造前后管渠流量过程变化曲线图

经模型评估，在明月河片区整体实施源头海绵化改造后，片区年径流总量控制率可达到 65% 以上，控制雨量约 17.2mm。

### 4. 排水管渠改造

结合现状排水管网评估结果，规划对片区内明月路、兴和街、蜀秀街、滨江北路等路段排水管线进行改造，片区排水管网改造方案如图 9-39 所示。

沿明月路（遂州北路－涪江段）新建 DN800～DN1500 雨水管道，收集明月路以北、兴和路以南区域的雨水。

沿兴和街（渠河－涪江段）新建 DN800～DN1000 雨水管道，收集兴和街南北两侧雨水，并与滨江路雨水管道连接，收集的雨水最终通过明月路 DN1800 雨水管道排入涪江。

沿蜀秀街（渠河－涪江段）新建 DN1200～DN1800 雨水管道，收集蜀秀街两侧雨水，向东排入涪江。蜀秀街雨水管道同时收集遂州北路以西的部分片区外雨水。

滨江北路现状为两条 DN800～DN1000 合流管线，规划将滨江北路（蜀秀街以南）西侧 DN800～DN1000 合流管线改造作为雨水管，将滨江北路（蜀秀街以北）东侧 DN800～DN1000 合流管线改造作为雨水管。

沿川中大市场南侧明月路新建 DN800 雨水管道，向东将雨水排入涪江，如图 9-40 所示。

### 5. 蓄排平衡体系构建

片区内现状雨水调蓄空间极少，规划通过设置雨水回用调蓄设施有效增加片区雨水调

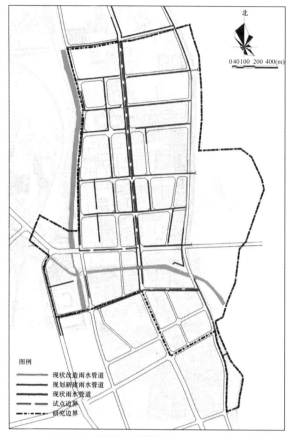

图 9-39 片区排水管网改造方案布局图

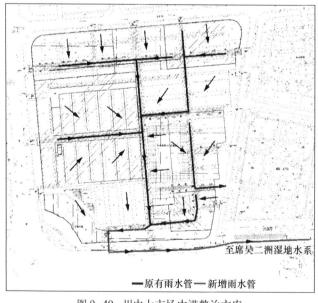

图 9-40 川中大市场内涝整治方案

蓄空间，其中结合建筑小区源头海绵化改造新建分散式雨水回用模块调蓄空间共约205m³，在街头公共绿地下新建集中式雨水回用模块调蓄空间约900m³，进而实现在设计降雨条件下片区的蓄排平衡。

片区改造前后蓄排平衡关系如表9-13、图9-41所示。

**片区改造前后蓄排平衡分析表** 表9-13

| 名称 | 设计降雨量（mm） | 汇水面积（hm²） | 源头控制（mm） | 管渠排放（mm） | 调蓄空间（mm） | 地面积水（mm） |
|---|---|---|---|---|---|---|
| 现状 | 252.5 | 74.2 | 4.9 | 223.3 | 0 | 24.3 |
| 改造后 | 252.5 | 74.2 | 17.2 | 230.3 | 5.0 | 0 |

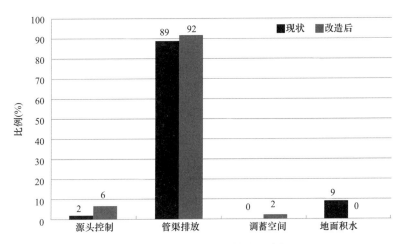

图9-41 片区改造前后蓄排关系对比图

## 6. 内涝治理效果评估

（1）管道排水能力效果评估

片区改造前后市政管网排水能力评估结果如图9-42所示。实施改造后，片区排水管网排水标准得到进一步提升，不满足3年一遇设计标准的管道比例由90%下降至17%，满足五年一遇设计标准的管道比例达到22%。

（2）内涝防治效果评估

采用30年一遇设计降雨对片区内涝风险进行评估，模拟结果如表9-14、图9-43所示。实施改造后，片区积水面积占总面积的0.44%，积水面积显著较少，且积水深度均小于0.3m，积水时间均小于30min；原川中大市场、人事局宿舍两处易涝积水点均得到消除，片区整体达到30年一遇内涝防治标准。

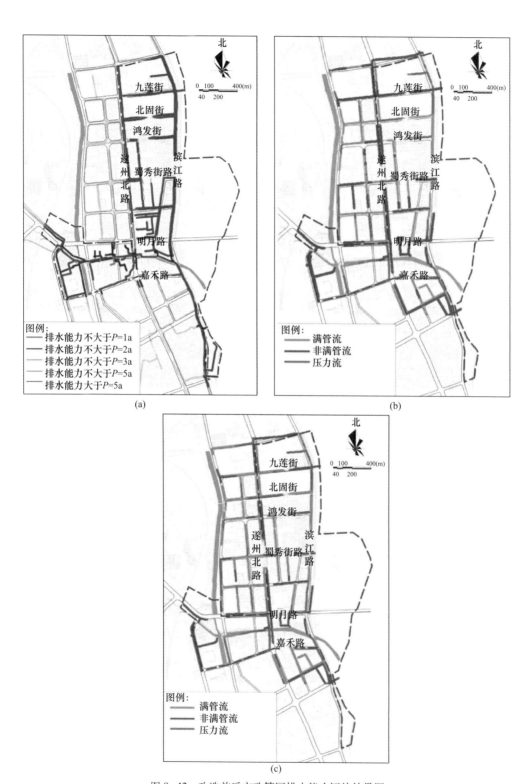

图9-42 改造前后市政管网排水能力评估结果图

（a）现状情况；（b）改造后－3年一遇设计降雨；（c）改造后－5年一遇设计降雨

改造前后内涝积水风险面积统计表 表 9－14

| 积水深度（m） | 建设前 | | 建设后 | |
| --- | --- | --- | --- | --- |
| | 面积（hm²） | 占比（%） | 面积（hm²） | 占比（%） |
| 0.15～0.30 | 5.01 | 2.09 | 1.05 | 0.44 |
| 0.30～0.50 | 1.58 | 0.66 | — | — |
| >0.5 | 0.15 | 0.06 | — | — |
| 合计 | 6.74 | 2.81 | 1.05 | 0.44 |

图 9-43　改造前后内涝风险评估结果图

# 9.2　北方某合流制片区雨污分流系统化方案

## 9.2.1　合流制片区概况

护城河北段汇水分区是我国北方某城市的一个典型合流制片区，片区面积约 5.4km²，片区内建筑小区多建于 1995 年～2005 年，建设年代较早。护城河北段汇水分区现状卫星图和用地规划图如图 9-44、图 9-45 所示。

图 9-44　护城河北段汇水分区现状卫片图

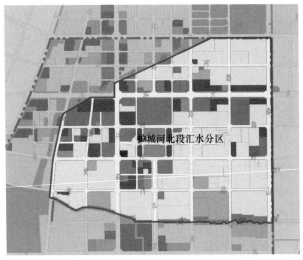

图 9-45　护城河北段汇水分区用地规划图

## 9.2.2　合流制排水系统现状

### 1. 合流制管网分布

根据排水管网普查结果，护城河北段汇水分区市政排水管网系统为雨污合流制，片区及周边区域市政排水管网建设情况如图 9-46 所示。

对护城河北段汇水分区及周边区域各地块排水管网进行分析，各地块雨污合流及雨污混接情况如图 9-47 所示。

图 9-46　护城河北段汇水分区及周边区域市政排水管网分布图

图 9-47　护城河北段汇水分区及周边区域地块排水体制分析图

## 2. 合流制溢流频次

护城河北段汇水分区截污干管沿片区东侧护城河自北向南分布，片区 5 个合流制溢流口均位于护城河沿岸，降雨期间超过系统截流能力的雨污混合水溢流进入护城河，对水环境造成严重污染。

采用 InfoWorks ICM 模型软件构建护城河北段汇水分区合流制排水管网水力模型，使用长历时实际降雨数据模拟分析片区合流制系统运行状况。选择降雨总量和降雨年内分布均接近多年平均值的 2011 年逐分钟降雨数据，对连续降雨条件下片区的合流制溢流状况进行统计分析。

模拟结果显示，护城河北段汇水分区内合流制溢流口在典型降雨年溢流频次均超过 20 次，个别溢流口年溢流频次甚至超过 50 次。片区各合流制溢流口溢流频次如表 9-15 所示。

片区各合流制溢流口溢流频次统计表

表 9-15

| 溢流排口编号 | 1 | 2 | 3 | 4 | 5 |
|---|---|---|---|---|---|
| 年溢流次数 | 21 | 33 | 43 | 40 | 53 |

注：单场降雨过程中发生多次间断性溢流视为 1 次溢流事件。

护城河北段汇水分区各合流制溢流口溢流过程模拟结果如图 9-48 所示。

## 3. 污水处理厂进出水水质

对护城河北段汇水分区下游污水处理厂全年进出水 COD 浓度进行分析，如图 9-49 所示。

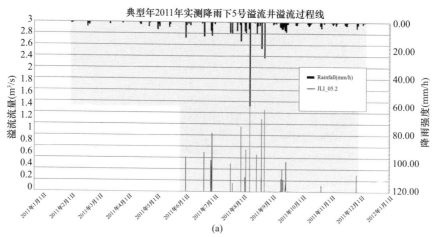

(a)

图 9-48　片区各合流制溢流口溢流过程模拟结果图（一）

（a）1 号溢流口；

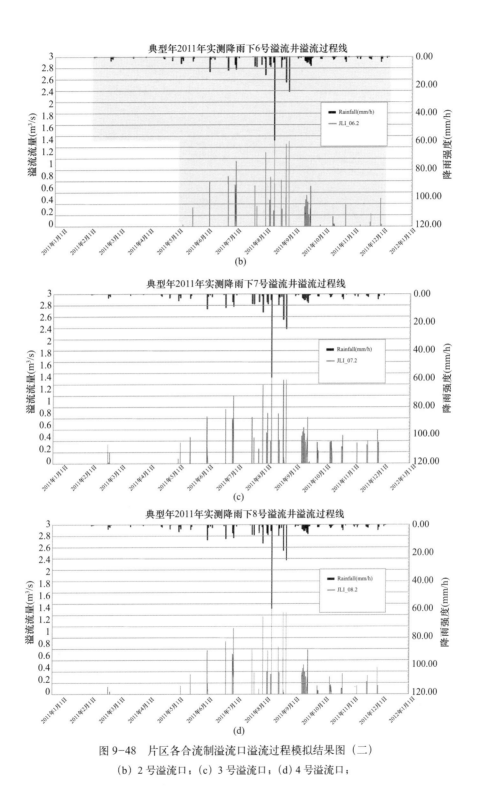

图9-48　片区各合流制溢流口溢流过程模拟结果图（二）

（b）2号溢流口；（c）3号溢流口；（d）4号溢流口；

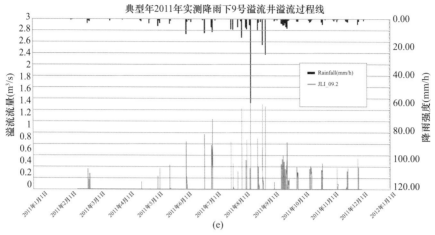

图 9-48 片区各合流制溢流口溢流过程模拟结果图（三）

（e）5 号溢流口

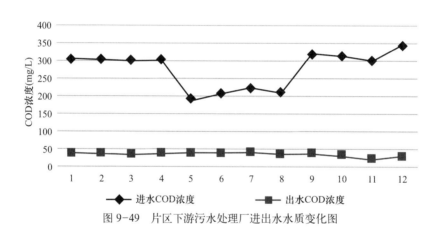

图 9-49 片区下游污水处理厂进出水水质变化图

雨季（5~9 月）污水处理厂进水 COD 浓度均值为 210mg/L，而旱季（10~次年 4 月）进水 COD 浓度均值为 300mg/L。由于片区内存在严重的雨污合流和雨污混接现象，片区下游污水处理厂在雨季时进水 COD 浓度显著低于旱季。

### 4. 溢流污染负荷

通过模型软件模拟计算得出片区内各合流制溢流口的年溢流总量为 63.4 万 m³。

根据合流制系统下游污水处理厂进水水质情况，溢流污水 COD 平均值取 250mg/L，计算得出护城河北段汇水分区合流制溢流污染总负荷（COD 计）为 158.51t/a。

## 9.2.3 源头减量

护城河北段汇水分区为已建城区，规划结合海绵城市建设，对片区内各建筑小区、道路和广场绿地进行雨污分流和源头海绵化改造，选取适宜的单项或组合源头海绵技术措施促进雨水就地消纳、利用和滞蓄，达到雨水源头减量目标。

经与业主及主管部门的充分沟通协商，考虑土地权属、资金支出、居民意愿、改造目标等因素，护城河北段汇水分区内共实施3大类98个源头减排项目，其中建筑小区类源头海绵建设项目69项，绿地广场类源头海绵建设项目5项，城市道路类源头海绵建设项目24项，各项目类型及分布位置如图9-50所示。经计算，源头减排项目实施后护城河北段汇水分区的年径流总量控制率将达到59.0%。

片区建设用地以建筑小区为主，其改造过程以雨污分流为基础，同时充分利用地表绿化空间增加雨水径流的入渗和滞蓄。

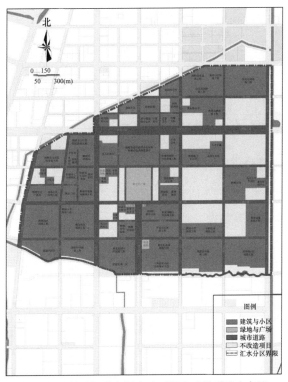

图9-50 护城河北段汇水分区源头减排项目分布图

## 9.2.4 过程控制

护城河北段汇水分区的过程控制措施主要包括市政合流管雨污分流改造和建设雨水口末端净化设施两类。片区过程控制项目分布如图9-51所示，其中合流管改分流管长度约33km，建设雨水口末端净化设施共15处。

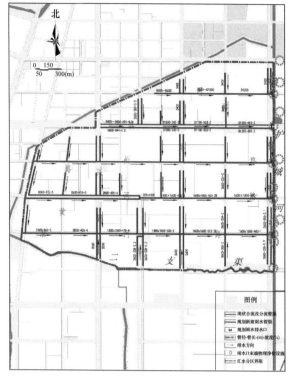

图 9-51　护城河北段汇水分区过程控制项目分布图

## 1. 市政合流管雨污分流改造

根据城市排水专项规划，护城河北段汇水分区所在区域规划采用雨污分流排水体制，结合城市更新改造和海绵城市建设，对片区市政排水管网进行雨污分流改造。

结合片区实际情况，雨污分流改造采用"市政道路现状合流管保留为雨水管并新建污水管，建筑小区内现状合流管保留为污水管并新建雨水管"的方式，如图 9-52 所示。对于合流制管渠作为雨水管渠后排水能力不能达标的管段，规划采取优化和调整管渠汇水分区、增设平行管渠、改造不达标管渠等措施，使其能够满足雨水管渠系统排水能力的要求。

护城河北段汇水分区及周边区域雨水管渠系统改造方案如图 9-53 所示。

对护城河北段汇水分区内的雨污混接管线，根据其混接类型制定针对性的改造方案。对于污水管接入雨水管的混接点，将混接管线予以封堵，同时将污水引入下游污水管线；对雨水管接入污水管的混接点，将混接管线予以封堵，同时将雨水引入下游雨水管线，改造方式如图 9-54、图 9-55 所示。

对于新建排水系统，在雨水设施设计、建设过程中要加强雨水设施的阶段性检查及最

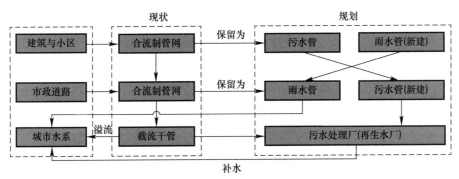

图9-52　片区雨污分流改造总体技术路线图

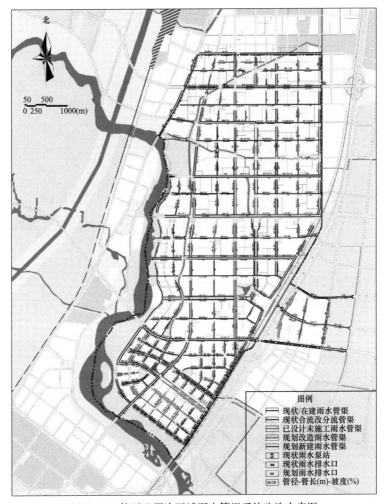

图9-53　片区及周边区域雨水管渠系统改造方案图

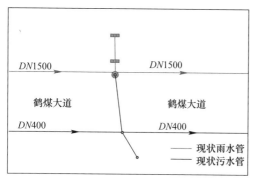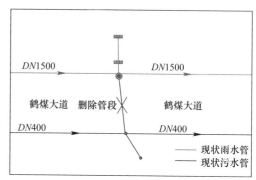

图 9-54　污水管接入雨水管改造示意图

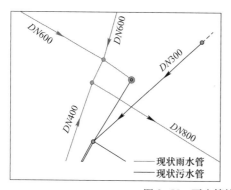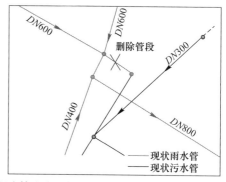

图 9-55　雨水管接入污水管改造示意图

后的验收工作，严格控制管网衔接，建立必要的审核机制，控制开发建设中的管道混接乱接；新建建筑接入已有分流制排水系统时，应加大排污管理力度，对污水乱排进行控制，禁止出现雨污管道混接现象。

### 2. 雨水口末端净化设施

由于分流制雨水管渠排放的径流仍然会污染水环境，规划在片区雨水排放口设置末端净化设施，强化雨水径流污染控制。

规划雨水口末端净化设施共 15 处，一般为雨水沉砂净化池，在设施内设置防冲乱石、砂石等。当雨水量较小时，通过乱石及砂石的过滤、拦截作用将雨水中颗粒污染物截留到砂石中，过滤后的雨水通过砂石底部渗管流入绿化带中；当雨水量较大时，雨水经过出水管排除，出水管前设置滤网用于截留大颗粒污染物及垃圾，防止其进入河道。

## 9.2.5　系统治理

护城河北段汇水分区的系统治理措施主要包括河道整治及涵洞改桥梁（图 9-56）。

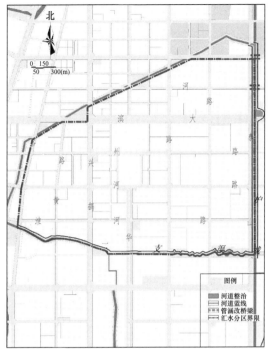

图9-56　护城河北段汇水分区系统治理项目分布图

规划对片区内护城河进行整治，整治长度约2.33km，由于该段水环境质量不佳，规划在现状水系空间格局基础上，结合用地空间布局和排涝需求，对现状河道按照海绵城市建设要求进行整治，提高河道排涝能力及水系的连贯性、流动性。

规划将片区水系中现状2处过路管涵改建为桥梁，解决水系中"卡脖子"的瓶颈点，提升片区整体防洪排涝应对能力。

## 9.2.6　方案成效模拟计算

通过片区排水系统水力模型模拟计算，在实施源头减量、过程控制、系统治理工程体系后，护城河北段汇水分区基本实现雨污分流，片区总体年径流总量控制率可达到63.6%，面源污染削减率（以TSS计）达到55.3%，如表9-16所示。

护城河北段汇水分区年径流总量控制率和TSS削减率统计表　　　　表9-16

| 项目类型 | 源头项目 | 过程项目 | 系统治理 | 系统总和 |
| --- | --- | --- | --- | --- |
| 年径流总量控制率（%） | 59.0 | 0 | 4.3 | 63.3 |
| TSS削减率（%） | 46.6 | 2.2 | 6.5 | 55.3 |

# 第 10 章  对我国下一阶段相关工作的建议

## 10.1  加强技术指导，推动科学治理

由于合流制排水系统自身的复杂性，以及实施合流制溢流控制过程的长期性与艰巨性，编制科学合理的合流制改造及溢流控制系统化实施方案极为重要。我国幅员辽阔，不同城市之间气候条件、经济状况、合流制系统状况及溢流污染程度等方面差异巨大。不论是选择雨污分流改造方式，还是选择保留合流制并实施雨季溢流控制的思路，均需因地制宜结合本地实际科学编制实施方案，通过对排水系统循序渐进地科学改造和优化完善，实现有效控制合流制溢流污染、提高排水能力和污水处理效能，提升水环境质量等目标。

建议住房和城乡建设主管部门会同生态环境等部门研究制定《城市雨季溢流控制工作指南》，明确雨季溢流治理目标和主要措施，科学引导各城市开展雨季溢流控制工作，指导各地编制科学合理的实施方案，强化城市雨季溢流控制的考核与监管。

建议国家和各省成立专家帮扶队伍，充分发挥技术优势，对重点城市的实施方案、年度建设计划及重点工程项目等进行科学论证，以提高相关行政决策的科学性。有条件的城市可组建高水平、专业化的技术服务咨询团队，提供全过程全方位的技术咨询服务，确保达到预期效果。

## 10.2  加大财政支持，创新融资机制

建议中央财政加大对排水管网建设和改造工程的资金支持力度，弥补我国地下排水管网设施因历史欠账较多导致的资金需求严重不足问题，保障政府财政的持续有效投入。各城市应积极拓宽融资渠道，在本级财政资金加大投入的基础上，积极推进政府与社会资本

的有效合作。

建议发展改革部门优化调整《污水处理费征收使用管理办法》中污水处理费的适用范围，以便地方政府拓宽融资渠道。建议优化市政生活污水类PPP项目投资融资模式，政府可在严防新增地方政府隐性债务、符合法律法规和有关政策规定要求的前提下，放宽污水处理和污水管网PPP项目民营企业持股比例要求。

建议住房和城乡建设主管部门印发《城市排水管网建设可推广经验清单》，总结宜昌等地加快城市污水管网建设的经验做法，供各地学习借鉴。宜昌市创新建立污水管网"使用者付费、按效付费"机制，以市场化手段系统解决城市水环境问题。宜昌按照"谁污染、谁使用、谁付费"原则，采取特许经营方式，引进长江生态环保集团有限公司下属长江管网有限公司，参与污水管网投资、建设、运营，以市场化手段解决管网融资难、运营难困境；通过长周期议价，将特许经营期拉长至50年，逐步覆盖管网建设运营成本，最终涨幅约1.1元/$m^3$，保障社会公益性和企业营利性平衡；通过平缓调价，首次调价为0.1元/$m^3$，后续每5年为一个周期，控制涨幅为0.2～0.3元/$m^3$，确保综合水费支出占居民人均年可支配收入比例基本不变，以较低的调价幅度，逐步培养消费者习惯，推动污水收集系统从"政府付费"向"使用者付费"转变，实现政府、企业、群众多方共赢。

## 10.3 开展攻坚行动，加快设备研发

建议住房和城乡建设主管部门会同生态环境等相关部门在全国范围开展城市合流制溢流控制攻坚战行动，重点关注雨季溢流污染、雨水污水管网混接错接等问题，研究出台《城市合流制溢流控制攻坚战实施方案》《城市合流制溢流控制三年行动方案》等政策，推动全国加快解决城市合流制排水系统雨天溢流问题。

建议在全国范围内开展相关示范，优先支持降雨量较大、水环境质量要求高、经济相对发达的城市，探索合流制溢流控制可推广可复制的经验与模式，加大雨污混合水快速净化处理工艺技术和设施设备的研发和使用，建设示范项目、完善机制体制，形成典型示范效应。

## 10.4 完善政策法规，优化机制体制

在法律法规层面，建议借鉴美国"发挥污水处理厂存量设施的最大化处理能力，对雨

季超量混合污水或峰值流量进行处理"等做法，出台有关法律法规，从立法角度提倡和鼓励市政污水处理厂在雨季发挥设施最大能力对超额流量进行处理，最大限度削减合流制溢流向水体排放的污染物。

在技术标准层面，建议住房和城乡建设部门会同生态环境等部门，借鉴美国、日本等发达国家经验，明确合流制系统雨季溢流控制标准和目标，包括溢流总量、溢流口雨天排放水质标准、污水处理厂雨季应急处理标准（一级处理设施处理标准）、泵站雨季放江管控要求等，科学控制溢流污染。

在行业管理层面，建议推进各地排水管理体制改革，借鉴南昌等地的做法，修订《城镇排水与污水处理管理办法》、组建城市排水有限公司，实行"供排一体、厂网一体"等。

## 10.5  明确责任主体，建立长效机制

住房城乡建设部、生态环境部等国家相关部委负责合流制溢流控制的指导和监督工作，不定期开展监督检查和抽查，建立全国城市合流制系统雨季溢流控制监管平台。地方各级人民政府负责落实城市合流制溢流控制具体工作。

省级住房和城乡建设部门要会同生态环境、发展改革等部门对各相关城市合流制系统雨季溢流控制的实施效果进行检查评估，并及时通报有关情况，总结经验，鼓励先进，督促落后。

市级人民政府将合流制溢流控制相关工作纳入重点工作任务，加强统筹协调，建立城市合流制溢流控制工作台账，将工程进展和治理效果等纳入城市体检和河长制监督考核。

各地应进一步完善合流制溢流控制设施的运行管理与维护。制定巡视检查、维护维修、调度管理的工作方案，加强排水系统安全运行管理和各相关部门协同配合，提升排水系统整体运行效率，保障城市排水安全和水环境质量。

各地应建立健全合流制溢流控制的评估方案。将城市合流制溢流监测纳入地方有关主管部门的监督性监测范围或绩效考核制度，可委托有相关资质的第三方监测机构进行监测与评价。

各地政府应明确相关资金来源，鼓励采取政府购买服务、政府与社会资本合作等方式实施城市溢流控制工作和后期养护，建立以整治和养护绩效为主要依据的服务费用拨付机制。

# 参 考 文 献

[1] 张辰，徐文征，李春光. 中心城区合流制排水系统改造技术研究与实践 [J]. 给水排水，2020，56（5）：68-72.

[2] 程熙，车伍，唐磊，等. 美国合流制溢流控制规划及其发展历程剖析 [J]. 中国给水排水，2017，33（6）：7-12.

[3] Wang T, Zhang Y, Li H, et al.Policies on combined sewer overflows pollution control: A global perspective to inspire China and less developed countries[J].Critical Reviews in Environmental Science and Technology.2024, 54(14): 1050-1069.

[4] 王家卓. 东京的合流制溢流污染控制经验及对中国的启示 [EB/OL]. 2020，6. https://mp.weixin.qq.com/s/0OMBPyL1aK5R_YSC6br9ag.

[5] 中华人民共和国住房和城乡建设部. 中国城市建设统计年鉴（2011—2020 年）[EB/OL]. http://www.mohurd.gov.cn/.

[6] 唐建国. 中国城市合流制排水系统的问题与改造 [EB/OL]. 2022，1. https://mp.weixin.qq.com/s/siZl5vAJ8Skc0stK49GlxQ.

[7] 刘智晓，刘龙志，王浩正，等. 流域治理视角下合流制雨季超量混合污水治理策略 [J]. 中国给水排水，2020，36（8）：20-29.

[8] 王家卓，胡应均，张春洋，等. 对我国合流制排水系统及其溢流污染控制的思考 [J]. 环境保护，2018，46（17）：14-19.

[9] 车伍，唐磊. 中国城市合流制改造及溢流污染控制策略研究 [J]. 给水排水，2012，48（3）：1-5.

[10] 孙永利. 城镇污水处理提质增效的内涵与思路 [J]. 中国给水排水，2020，36（2）：1-6.

[11] 杨超，杨正，郭祺忠. 对城市合流制排水系统截流倍数的思考 [C] // 中国环境

科学学会环境工程分会. 中国环境科学学会 2021 年科学技术年会——环境工程技术创新与应用分会场论文集（四）. [出版地、出版者、出版年不详].

[12] 曹相生，林齐，孟雪征，等. 韩国首尔市清溪川水质恢复的经验与启示 [J]. 给水排水动态，2007，12：8-10.

[13] 由小卉，平文凯，陈晓华. Actiflo 高效沉淀工艺在 CSO 处理的应用 [J]. 中国给水排水，2010，26（20）：49-52.

[14] 刘燕，尹澄清，车伍，等. 合流制溢流污水污染控制技术研究进展 [J]. 给水排水，2009，45（51）：282-287.

[15] Uhl M, Dittmer U, Fuchs S. Soil filters for enhanced treatment of CSO–Recommendations and developments in Germany[C]//Proceedings, 10th International Conference on Urban Drainage, Copenhagen, Denmark: [s.n.], 2005.

[16] Colas H, Pleau M, Lamarre J, et al. Practical Perspective on real-Time Control[J]. Water Quality Research Journal, 2004, 39（4）：466-478.

[17] Weyand M.Real-time control in combined sewer systems in Germany——some case studies[J]. Urban Water, 2002, 4(4): 347–354.

[18] 李帅杰，栗玉鸿，羊娅萍，等. 城市新区雨水径流污染模拟分析及其控制措施研究 [J]. 给水排水，2021，57（5）：72-77.

[19] FERRIER R C, JENKINS A. Handbook of Catchment Management: Chapter 7. Managing Urban Runoff[M]. [s.n.], 2009.

[20] 车伍，张伟，李俊奇. 城市初期雨水和初期冲刷问题剖析 [J]. 中国给水排水，2011，27（14）：9-14.

[21] Geiger W. Flushing effects in combined sewer systems[C]//Proceedings of the 4th International Conference Urban Drainage. Lausanne, Switzerland: [s.n.], 1987.

[22] 何梦男，张劲，陈诚，等. 上海市淀北片降雨径流过程污染时空特性分析 [J]. 环境科学学报，2018，38（2）：536-545.

[23] 缪丽萍，张千千. 绿色屋面降雨径流水质源汇特征及污染源解析 [J]. 环境科学学报，2021，41（5）：1940-1949.

[24] 王昭. 西安市路面径流污染排放特征 [D]. 西安：长安大学，2016.

[25] 潘华. 城市地表径流污染特性及排污规律的研究 [D]，西安：长安大学，2005.

[26] 李青云, 田秀君, 魏玫, 等. 北京典型村镇降雨径流污染及排放特征 [J]. 给水排水, 2011, 47 (7): 136-140.

[27] 李静静. 合肥地区城市地表径流中多环芳烃污染特征研究及生态风险评价 [D]; 合肥: 安徽大学, 2013.

[28] 付国楷, 陈水平, 陆颂, 等. 滇池流域某分流制小区雨水径流水质及初期冲刷规律研究 [J]. 环境工程学报, 2015, 9 (12): 5703-5708.

[29] 丁程程, 刘健. 中国城市面源污染现状及其影响因素 [J]. 中国人口资源与环境, 2011, 21 (S1): 86-89.

[30] Ma J S, Khan S, Li Y X, et al. First flush phenomena for high- ways: how it can be defined[C]//In: Proceedings of the 9th International Conference of Urban Drainage. Portland, Oregon: [s.n.], 2002.

[31] Bertrand-Krajewski J L, Chebbo G, Saget A.Distribution of pollutant mass vs volume in stormwater discharges and the first flush phenomenon[J].Water Research, 1998, 32(8): 2341-2356.

[32] Saget A, Chebbo G, Bertrand-Krajewski J.The first flush in sewer system[J]. Water Science and Technology, 1996, 33(9): 101-108.

[33] Deletic A. The first flush load of urban surface runoff[J]. Water Research, 1998, 32(8): 2462-2470.

[34] Kim G, Yur J, Kim J. Diffuse pollution loading from urban stormwater runoff in Daejeon city, Korea[J]. Journal of Environmental Management, 2007, 85: 9-16.

[35] Barco J, Papiri S, Stenstrom M K.First flush in a combined sewer system[J]. Chemosphere, 2008, 71: 827-833.

[36] Li L Q, Shan B Q, Yin C Q.Stormwater runoff pollution loads from an urban catchment with rainy climate in China[C]//In: The 8th International Conference on Urban Watershed Management: Water Systems in Rapidly Urbanizing Areas. Beijing: [s.n.], 2011.

[37] Sztruhar D, Sokaca M, Holiencin A, et al.Comprehensive assessment of combined sewer overflows in Slovakia[J].Urban Water, 2002, 4: 237-243.

[38] Suarez J, Puertas J.Determination of COD, BOD, and suspended solids loads during combined sewer overflow (CSO) events in some combined catchments in Spain[J].Ecological

Engineering, 2005, 24: 201-219.

[39] Scherrenberg S M.Treatment techniques for combined sewer overflows[J].Delft University of Technology, 2006.

[40] Hochedlinger M, Hofbauer P, Wandl G, et al.Online UV-ViS measurements-The basis for future pollution based sewer real time control in Linz[C]//Proceedings of the 2nd International IWA Conference on Sewer Operation and Maintenance. Vienna, Austria: [s.n.], 2006.

[41] 谭琼，李田，高秋霞．上海市排水系统雨天出流的初期效应分析 [J]．中国给水排水，2005，21（11）：26-30．

[42] 杨逢乐，赵磊．合流制排水系统降雨径流污染物特征及初期冲刷效应 [J]．生态环境，2007，16（6）：1627-1632．

[43] Stotz G, Krauth K H. Factors affecting first flushes in combined sewers[C]//Proceeding of the 3rd International Conference on Urban Storm Drainage. Florids, United States: [s.n.], 2019.

[44] 潘国庆，车伍，李海燕，等．雨水管道沉积物对径流初期冲刷的影响 [J]．环境科学学报，2009，29（4）：771-776．

[45] Lacour C, Joannis C, Schuetze M, et al.Efficiency of a turbidity-based, real-time control strategy applied to a retention tank: a simulation study[J].Water Science and Technology, 2011, 64（7）: 1533-1539.

[46] Calabro P S, Viviani G.Simulation of the operation of detention tanks[J].Water Research, 2006, 40(1): 83-90.

[47] 奚江波，贾倩倩．小马桶，大难题——北京旧城胡同雨污分流改造对策 [C] //规划 60 年：成就与挑战——2016 中国城市规划年会论文集：02 城市工程规划．北京：中国建筑工业出版社，2016.

[48] 中华人民共和国住房和城乡建设部．室外排水设计标准：GB 50014—2021 [S]．北京：中国计划出版社，2021．

[49] 张善发．合流制排水系统雨天溢流污染防治技术研究 [D]．上海：同济大学，2006．

[50] 唐磊，车伍，赵杨，等．合流制溢流初期冲刷及其控制策略研究 [J]．给水排水，2014，50（5）：24-30．

[51] 唐磊，车伍，赵杨，等．合流制溢流污染控制系统决策 [J]．给水排水，2012，

48（7）：28-33.

[52] 陈嫣，仲明明．雨水调蓄池设置布局探讨 [EB/OL]．https：//www.docin.com/ p-923782978.html.

[53] 李田，曾彦君，高秋霞．苏州河沿岸排水系统雨水调蓄池设计方案探讨 [J]．给水排水，2008，34（2）：42-46.

[54] Water Environment Federation. Prevention and Control of Sewer System Overflows [M].Alexandria, Virginia: WEF Press, 2011.

[55] Barbosa A E, Fernandes J N, David L M. Key issues for sustainable urban stormwater management[J].Water Research, 2012, 46(20): 6787-6798.

[56] 张晓昕，王强，付征，等．国外城市内涝控制标准调研与借鉴 [J]．北京规划建设，2012，(5)：70-73.

[57] 王磊，周玉文．国内外城市排水设计规范比较研究 [J]．中国给水排水，2012，28（8）：23-27.

[58] 李小静，李俊奇．美国洪水保险计划分析与启示 [J]．中国给水排水，2012，28（15）：1-5.

[59] El-Hosseiny, Cherian. Hydraulic Modeling of Deep Tunnel Provides Cost Savings [C]//Stormwater and Urban Water Systems Modeling Conference, On Modeling Urban Water Systems-Monograph 20. Toronto, Ontario, Canada: [s.n.], 2012.

# 附录 城市合流制排水系统改造与溢流控制系统化方案编制大纲

## 1. 城市概况

（1）城市建设基本情况

包括城市区位、经济社会概况、中心城区范围、建成区面积、现状人口规模、现状用地布局、城市竖向、城市水域范围、下垫面情况、老旧小区及棚户区分布等。

（2）自然地理和受纳水体

包括城市所处流域位置、地形地貌、山水格局、土壤地质、水资源等自然条件，城市现状河湖水系分布及其功能等（包括城市及周边的河湖、沟渠、湿地等水体的分布与基本特征）。梳理受纳水体的主要目的是确定排水分区和排水路径，并根据溢流口受纳水体的水环境质量控制目标等明确水环境容量，从而确定合理的合流制系统雨季溢流控制目标。

（3）降雨情况

包括多年平均降雨量、月降雨量分布、逐分钟长历时（10年以上）实测降雨量，暴雨强度公式、本地长短历时雨型、不同重现期下长短历时降雨量（根据城市实际情况，分析2年、3年、5年、10年一遇等重现期下30min、1h、2h、3h等不同历时降雨量，以及20年、30年、50年、100年一遇等城市内涝防治标准下24h、72h等不同历时降雨量）。梳理降雨特征的主要目的是用于溢流频次和溢流量分析、管渠排水能力评估及内涝风险评估等。

## 2. 现状与问题分析

（1）合流制排水管渠系统调查

系统化方案制定的前提是要对现状合流制系统进行全面细致地摸底、排查、识别和判定，通过资料收集、调查了解、现场踏勘和计算评估，掌握合流制系统的现状情况和规划要求、改造历程和建设效果、养护水平和运行状况、排水能力和溢流情况等。

首先对排水管网系统进行梳理，全面掌握合流制片区及周边相关区域市政道路和地块排水设施的布局与规模；结合现场踏勘对合流制片区内现有排口类型及旱季出流情况进行梳理；通过管网普查诊断明确合流制片区及片区周边范围雨、污水管网混接错接点情况及管网运行情况；通过构建排水模型评估合流制管网排水能力。调查合流制片区下游污水处理厂位置、规模、处理工艺、进出水水质、旱季/雨季污水处理量（包括一级处理和二级处理）等。

系统化方案的制定应以水量、水质、水位监测和模拟数据为基础，进而支撑系统化方案制定、工程措施选择、设施规模设计及实施效果评估等。若有条件可对整个合流制系统进行建模，若条件不允许可选取重要或典型区域建立水力模型。

（2）合流制排水系统问题与原因分析

与发达国家相比，我国城市合流制管渠的问题相对更复杂，可能同时面临排水能力不足，功能性、结构性缺陷及雨污管道混接错接普遍，管网长期高水位运行、清通养护水平低、截流溢流方式设置不当、溢流污染严重，污水处理厂雨天受到较大冲击等问题。早期设计建设的合流制管渠标准相对偏低，随着城市快速发展原有管渠的汇水范围不断增大，间接降低了排水能力；许多合流制管渠由于修建年代久远和缺乏维护而出现结构性和功能性缺陷，部分位于建筑物下的管渠因无法清掏和检修而淤积严重，严重影响过流能力；合流制管渠管径设计大于相应分流制管道，在旱季低流速情况下淤积问题更突出，雨天因管道冲刷溢流导致进入水体的污染物浓度更高；河水倒灌、地下水入渗及施工降水排入等问题普遍存在，加之管网养护管理不善部分管段淤积问题突出，部分合流制管渠在旱天时几乎处于满管流状态；合流制与分流制系统交织，分流制系统中混接错接情况极为普遍。

### 3. 目标和策略

（1）编制范围和期限

城市合流制排水系统改造与溢流控制系统化实施方案编制范围为城市建成区及城市国土空间总体规划近期、远期新开发建设区域，并结合流域区域自然格局、排水分区完整性等因素综合确定重点实施区域。

城市合流制排水系统改造与溢流控制系统化实施方案编制期限与城市国土空间总体规划一致，并明确近期、远期相关目标指标。

（2）编制依据

相关法律法规、国家政策文件、标准规范、相关规划等。

（3）工作目标

围绕高质量发展的要求，从构建健康的城市水循环系统，提高城市的承载力、宜居性、包容度，人民群众获得感、幸福感等角度，制定城市合流制排水系统改造与溢流控制拟达成的工作目标。

全面落实海绵城市建设、黑臭水体治理、内涝综合治理、污水提质增效等相关领域的要求，坚持问题和目标导向相结合，系统性关注和统筹解决合流制排水系统存在的多重问题，根据城市排水设施实际情况、水环境质量现状和经济发展水平等，通过多方案比选，因地制宜编制务实、明确和循序渐进的系统化方案。

系统化方案应统筹"厂－网－河－城"，兼顾排水安全、控制减少污染物排放，以及提高设施能力和运行效率，明确城市合流制系统改造和溢流控制的目标、思路及重点任务，从建设目标、建设费用、建设条件、过渡期处理等方面对排水系统进行综合评估，确定具体的改造原则和改造方式，统筹好轻重缓急、近远期时序安排及过渡期的衔接处理等问题，确保各项措施和方案合理衔接、规模匹配，实现方案的最优。

除部分极干旱地区外，新建城区及各类工程项目应采用雨污分流制，新建雨水管渠设计重现期应满足相关标准规范要求。对于现有合流制系统，应坚持问题和目标导向相结合，首先应坚决消除污水直排入河，杜绝雨水管旱天排污；能够雨污分流的，应尽量实施雨污分流改造并确保分流彻底；对确实不具备改造条件的，允许保留合流制并不断完善。

（4）指标体系

各地应结合本地实际情况，根据国家相关法律法规、政策文件和标准规范要求，因地制宜确定城市合流制排水系统改造与溢流控制指标体系。合流制排水系统改造与溢流控制目标和指标的制定应可量化、可评估。各城市可参考表 A-1 制定指标体系。

**合流制系统改造及溢流控制指标体系表（参考）**　　　　　表 A-1

| 序号 | 一级指标 | 二级指标 | 指标属性 |
|---|---|---|---|
| 1 | 排水防涝 | 旱季污水排放能力达标管渠占比 | 定量 |
| 2 | | 汛期雨、污水排放能力达标管渠占比 | 定量 |
| 3 | | 截污干管旱季运行水位达标管段占比 | 定量 |
| 4 | | 排水管渠功能性、结构性缺陷数量 | 定量 |
| 5 | | 内涝防治标准 | 定量 |
| 6 | | 易涝点消除比例 | 定量 |

| 序号 | 一级指标 | 二级指标 | 指标属性 |
|---|---|---|---|
| 7 | 溢流控制 | 截污干管截流倍数 | 定量 |
| 8 | | 雨天溢流口溢流频次及溢流水量 | 定量 |
| 9 | | 雨天溢流口溢流排放水质达标率 | 定量 |
| 10 | | 污水处理厂雨天未达标排放水量 | 定量 |
| 11 | | 黑臭水体消除比例 | 定量 |
| 12 | 污水提质增效 | 管渠混接错接点数量 | 定量 |
| 13 | | 污水处理厂雨天进水量与旱季变化幅度 | 定量 |
| 14 | | 污水处理厂雨天进水浓度与旱季变化幅度 | 定量 |
| 15 | | 城市生活污水集中收集率 | 定量 |
| 16 | | 污水处理厂进水 BOD 平均浓度 | 定量 |

（5）技术路线

提出城市合流制排水系统改造与溢流控制的技术路线。

（6）编制原则

方案编制应突出蓝绿融合、源头治理、系统治理、标本兼治、分类治理的原则；方案编制应突出多方案优化比选和措施的可实施性，能定量评估目标的可达性；方案编制应能指导治理措施的实施、落实建设项目，并根据实施进度进行动态优化和更新。

针对不同地域的自然环境特点、排水设施现状、城市建设水平、人文社会环境条件和区域经济发展水平，兼顾近远期目标，提出适合我国城市的合流制改造及溢流控制的指导性原则。

1）明确目标，统筹规划。全面排查合流制溢流排口，系统分析溢流成因，结合城市排水体制、排水设施现状、受纳水体等情况，合理制定城市雨季溢流控制目标、总体方案和工作计划。

2）因地制宜，系统治理。针对城市合流制溢流成因、排水设施现状、城市建设水平和经济发展水平，综合应用源头减量、截流调蓄、快速净化等措施，系统控制雨季溢流，在保证排水防涝安全的前提下，最大限度削减排入受纳水体的污染物总量。

3）部门联动，政策保障。坚持政府主导，强化部门协作，明确职责分工，完善政策法规体系，加大政府财政投入，鼓励多渠道融资，健全城市排水管网系统日常维护管理机制。

4）强化监管，公众参与。建立合流制溢流排查、监测、运维机制，强化全过程监管；开辟城市合流制溢流控制信息公开渠道，鼓励公众参与，接受社会监督。

### 4. 系统治理方案

对城市、片区、地块等不同层级进行系统研究，体现城区、片区、地块等不同层面的建设内容，实施方案应遵循简约适用、因地制宜的原则，坚决避免"大引大排""大拆大建"等铺张浪费情况。可结合本地实际需求，参考以下方面，突出重点和特色。

（1）城市

城市尺度合流制改造及溢流控制实施方案的编制，第一是要做好统筹协调，与城市国土空间规划、排水防涝、污水专项规划等充分对接，与在建、拟建排水管网项目进行协调；第二是尊重现状，充分了解和分析排水现状，对远期需要保留的雨水、污水、合流管渠采取合理利用或改造提升；第三是坚持问题导向，重点解决老城区现有合流制系统排水能力不足、内涝积水及溢流污染等问题；第四是分步实施，充分论证并确定老城区雨、污水主排水通道和规划排水分区。

城市尺度合流制排水系统改造的关键是在全面调查的基础上明确总体和阶段改造目标，年度实施计划及改造任务等。针对城市合流制系统普遍存在的排水能力不足、混接错接普遍、溢流频次高、管网老化破损淤积严重、污水厂网运行低效能等问题，通过系统研究提出切实可行的改造方案，重点确定城区雨、污水远期规划排水分区及主排水通道，明确各分区近期和远期排水体制；根据规划确定的排水体制，划清合流制系统和分流制系统的边界，避免排水系统之间的混接；对于需要改造为分流制的排水系统或片区，在理清本系统和周边系统关系的基础上，明确雨、污水的最终出路，系统实施改造，做好在过渡期中分流制管道和合流制管道连通点的记录，便于后续改造连接；对于规划保留合流制的片区，通过综合采取多种溢流控制措施最大限度降低合流制系统雨天溢流频次、溢流量及污水处理厂进水量。

老城区结合城市更新，针对积水内涝、合流制溢流污染、污水收集处理效能不高等问题，有针对性地加强排水管网、泵站、调蓄设施、污水处理厂等合流制排水系统的改造建设，有效缓解城市内涝和合流制溢流污染问题。新建城区应提出规划建设管控方案，统筹城市内涝治理、污水提质增效等工作要求，高起点规划、高标准建设城市排水设施，并与自然生态系统有效衔接。

雨污分流改造实施周期较长，在系统布局时应统筹排水系统改造和城区建设改造计划，要求各类城市更新项目必须同步实施雨污合流管网改造，对摸排发现的市政排水管线混接错接点同步实施改造；在各阶段改造过程中设置必要的过渡期排水、截污和溢流控制设施，保障过渡期的排水安全和溢流控制，最大限度发挥各期工程效益。

有条件的城市可建立集监测、模拟、分析、控制于一体的合流制系统智慧管理平台，对城市降雨、防洪、排水防涝、溢流、污水处理等信息进行综合采集、实时监测和系统分析等，从现状调查、规划、设计、建设、运行管理全过程为合流制系统改造及溢流控制工作提供指导。

1）排水体制

除干旱地区外，新建地区一般采用雨污分流制。对于现状雨污合流区域，制定系统化实施方案时，应兼顾城市水环境治理、内涝防治和污水提质增效等工作要求，结合城市更新和海绵城市建设，因地制宜确定该片区排水体制。

2）城市排水出路和排水分区构建

以江、河、湖、海等自然径流路径分析为基础，明确城市排水出路，对于不能满足排涝要求的，应制定排水出路新增、拓宽等优化方案，并结合用地布局、竖向特征等优化排水分区。

3）城市竖向优化

新建区域应结合内涝风险评估结果，构建有利于城市排水的竖向格局，难以进行竖向优化的，应提出用地调整建议。下凹桥区、城中村、棚户区等低洼易涝区域可结合城市更新，合理调整场地或道路竖向。

4）城市信息化平台建设

建立完善城市合流制排水管渠地理信息系统，实现排水管渠信息化、账册化管理，并进行动态更新，逐步建立以5～10年为周期的长效保障机制。推动建立城市综合管理信息平台，在合流制排水系统关键节点、溢流口、易涝积水点等区域提出流量计、液位计、雨量计、水质自动监测、闸站控制、视频监控等智能化终端感知设备布设方案，提高城市河湖水系、闸站、管渠等联合调度能力。有条件的城市与城市信息模型（CIM）基础平台深度融合，与国土空间基础信息平台充分衔接。

（2）片区

对于确实不具备雨污分流改造条件，规划确定保留合流制的排水片区，通过采取综合措施优化和完善合流制系统的运行，进而减少合流制系统溢流频次和溢流量，同时聚焦合流制系统的其他问题，在改造的同时提高管渠雨水排放标准，修复管渠的结构性和功能性缺陷，加强养护管理减少管道污染物沉积，促进管网系统的提质增效。对于合流制系统污水处理设施存在的短板，应最大限度利用污水处理厂现有能力并适当扩能，结合"厂网河一体化"实时调度与科学运营，提高污水处理厂雨季抗冲击能力及处理效能。

对于确定雨污分流改造的片区，改造的关键是做好市政和地块管线的统筹衔接和混接错接点的改造。按照排水分区明确合流制片区边界后，雨污分流改造需全面考虑地块内部、市政管网及地块与市政管网之间的改造，在摸清现状管线分布及混接错接情况的基础上系统确定改造计划，有序推进雨污分流改造，确保各阶段、各局部改造既符合远期改造方案又能有效发挥工程效益。对于市政排水管线，应对原有管道进行科学论证，因地制宜选择保留原有合流管新建一套雨水、污水管，或废弃原有合流管新建两套管线。考虑到雨、污水纳管相关改造及提升排水防涝能力需求，可优先选择将现有合流管作为污水管，按照新的雨水排水标准敷设雨水管；若现有合流管存在较严重的结构性缺陷且排水能力不足，则废弃原合流管并新建雨水、污水管线；开展市政排水管网普查诊断，查明管道混接错接的点位和形式，制定混接错接点改造方案。在实施市政合流管改造时，沿线建筑小区尽可能同步改造或纳入优先改造计划，逐步进行地块雨污分流改造和现有合流管结构性缺陷修复，未能同步改造的应为地块污水纳管做好预留，在过渡期市政雨水管可仅与道路雨水口衔接。优先选择将现状为分流制的地块或纳入改造计划的合流制地块，以及内涝积水、溢流污染、管线破损渗漏等问题突出区域的市政管网纳入雨污分流改造计划。

（3）地块

在地块排水系统的改造中一般均进行雨污分流改造。大规模、全面铺开的地块雨污分流改造实施难度很大，可结合系统化全域推进海绵城市建设，老旧小区改造和城市更新等项目，一方面在老旧小区实施改造时将雨污分流改造纳入基础类改造内容同步实施，另一方面优先选择沿河分布及外围市政管网为分流制的合流制小区进行改造，并将地块雨水接入河道或市政分流制雨水管道中，杜绝雨水接入污水系统；对于纳入拆迁改造计划，或涉及文物保护，改造极其困难的地块，可考虑暂不进行雨污分流改造。

地块尺度雨污分流改造的关键是建设彻底的雨污分流系统并因地制宜实施源头海绵设施建设。在地下改造方面，因地制宜选择保留原有合流管新建一套雨水、污水管，或废弃原有合流管新建两套管线，查明管道混接错接点位和形式并进行改造，形成完善的污水收集和雨水排放系统；在地面改造方面，在地块道路、绿地和停车场改造过程中因地制宜重新组织径流，通过"渗、滞、蓄、净、用、排"设施收集、输送、净化雨水；居住小区应加强阳台洗衣污水排放出路改造，禁止接入雨水管。

部分受管位空间制约无法同时埋设两套管道区域，可结合现场地形设置线型排水沟、雨水边沟、植草沟等输送雨水径流，替代常规雨水管道，地形、空间等条件较好的小区可实现"雨水走地表，污水走地下"；或采用"雨、污水分流管线同位布置"（雨水管在上污水管在下，雨、污水共用检查井）、"雨水口一体沟"等方式。

（4）方案实施效果评估

按照系统化实施方案制定的治理任务和实施计划，评估方案预期治理效果和目标可达性，推荐采用水力模型等方法进行定量评估。

对规划设计方案的实施效果进行持续的监测、评估与优化调整。系统化实施方案中制定的各项治理措施，应与排水防涝、污水专项等相关规划进行衔接和反馈。

（5）建设任务与投资估算

制定城市合流制改造及溢流控制中长期规划，明确设施体系建设的时间表、路线图和具体建设项目。根据选定的技术措施，合理确定合流制系统改造及溢流控制工程量和实施周期，预测溢流控制工程投资。

按照轻重缓急，列出近 5 年逐年建设任务，明确任务主要内容、工程量、资金需求、时序安排、责任部门等，编制项目清单。

**5. 保障措施**

（1）组织保障

可参考以下角度：落实城市政府合流制系统改造及溢流控制工作的主体责任，加强政府统一领导，建立多部门协调联动的工作机制；加强统筹协调，充分发挥河长、湖长作用，建立城市合流制系统改造及雨季溢流控制工作台账和项目库，落实各部门责任。

（2）政策保障

可参考以下角度：强化规划管理与实施，因地制宜制定"厂网河（湖）一体化"运营管理模式；严格落实工程许可、排水许可等机制，防止雨、污水混接错接等行为；按照国家"放管服"和工程建设审批制度改革要求，优化合流制系统改造及溢流控制设施建设项目审批流程，保障设施建设用地。

（3）资金保障

估算合流制系统改造及溢流控制设施五年建设资金需求，明确资金来源，提出保障措施，可参考以下角度：提高城市建设维护资金、城市水污染治理经费等用于城市合流制系统改造及溢流控制的比例；探索供水、排水和水处理等水务事项全链条管理机制，吸引社会资本参与。

（4）能力保障

可参考以下角度：城市合流制排水系统日常运维要求，制定和落实本地合流制排水系统巡查、维护、隐患排查制度和安全操作技术规程；在合流制系统评估的基础上，发挥城市综合管理信息平台在满足日常管理、运行调度、预警预报、防汛调度、应急抢险等方面的功能；应定期对系统化实施方案实施情况、合流制系统改造及溢流控制工程治理效果进行评估，并形成制度。

## 6. 成果要求

（1）文本

文本应体现方案比选、重要问题论证的过程，要言之有物、表达清晰、图文并茂，内容较多时应制作简本。

（2）图纸

主要图纸内容和技术要求如表 A-2 所示。

**系统化实施方案主要图纸内容和技术要求**　　　　表 A-2

| 序号 | 类型 | 图纸名称 | 表达内容 |
|---|---|---|---|
| 1 | 基础分析图 | 现状合流制排水系统基础分析图 | 包括城市建成区现状用地布局、现状水域范围、现状高程竖向，现状排水体制、现状排水分区、现状各类排水管渠分布、现状各类排口及溢流口分布、现状污水处理厂分布，现状雨水及合流管渠排水能力评估、现状内涝风险评估、现状合流制溢流场次/水量评估、现状污水处理厂处理能力和收集处理效能评估等信息，可分为多张图纸表达 |
| 2 | | 中心城区土地使用规划图 | 编制范围内规划土地使用图，标明来源 |
| 3 | 方案成果图 | 城市排水体制近、远期规划图 | 以雨水排口、溢流口对应的排水分区为基本单元，表达城市近、远期排水体制确定结果 |
| 4 | | 雨、污水排水分区及排水出路方案图 | 分别表达雨、污水排水分区划分规划结果，包括范围、面积、出路等 |
| 5 | | 城市雨水调蓄设施及主干通道方案图 | 包括自然坑塘、各类调蓄池等调蓄空间的规模和分布，以及主干通道、雨水排口的布置 |
| 6 | | 城市污水提升泵站及主干通道方案图 | 包括污水泵站的规模和分布，污水主干通道的布置，以及末端污水处理设施的规模和分布 |
| 7 | | 合流制排水管渠及其附属设施建设改造方案图 | 包括排水管渠、泵站、排水口、溢流口等设施建设改造方案图 |
| 8 | | 合流制溢流控制设施方案图 | 包括合流制溢流控制的源头减排、过程控制、末端治理等设施建设改造方案图，可分多张图纸表达 |

续表

| 序号 | 类型 | 图纸名称 | 表达内容 |
|---|---|---|---|
| 9 | 方案成果图 | 合流制系统污水提质增效方案图 | 包括合流制系统下游污水处理厂改造，合流制排水管渠修复改造等方案 |
| 10 | | 合流制系统易涝积水点整治方案图 | 一点一策，可分多张图纸表达 |
| 11 | | 竖向及建设用地调整建议图 | 表达现状竖向及用地类型的优化调整方案 |
| 12 | | 五年建设任务分布图 | 分年度、分类型进行表达 |